*Wine* *Monologue*

# 葡萄酒独白

【韩】金珉何◎著
【韩】APPLETRANS◎翻译

中国经济出版社
CHINA ECONOMIC PUBLISHING HOUSE
北京

**图书在版编目（CIP）数据**

葡萄酒独白 /(韩)金珉何著；APPLETRANS 翻译

北京：中国经济出版社，2017.1（加印）

ISBN 978–7–5136–3664–3

Ⅰ.①葡… Ⅱ.①金… ②A… Ⅲ.①葡萄酒–文化–普及读物 Ⅳ.①TS971–49

中国版本图书馆CIP数据核字（2016）第145107号

策划编辑 李玄璇 马博伦

责任编辑 宋庆万

责任审读 贺　静

责任印制 巢新强

封面设计 华子图文设计公司

出版发行 中国经济出版社

印 刷 者 北京科信印刷有限公司

经 销 者 各地新华书店

开　　本 880mm×1230mm 1/32

印　　张 5.125

字　　数 124千字

版　　次 2016年11月第1版

印　　次 2017年1月第2次

定　　价 48.00元

广告经营许可证 京西工商广字第8179号

中国经济出版社 **网址** www.economyph.com　**社址** 北京市西城区百万庄北街3号 邮编 100037
本版图书如存在印装质量问题，请与本社发行中心联系调换（联系电话：010–68330607）

# Monologue
# Wine

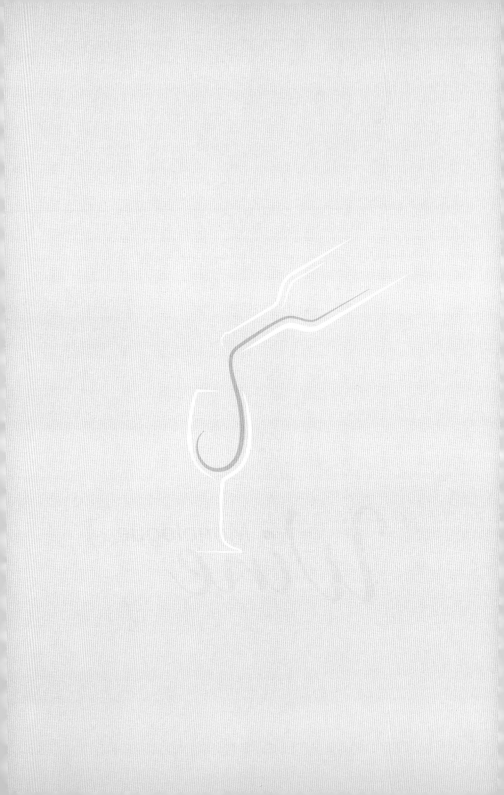

## 目录 Contents

**序言/001**

就这样，葡萄酒的世界向我敞开了，这是一个无法想象的奇妙世界。就如国内外葡萄酒鉴赏师们所说的那样：一杯葡萄酒就像是一个包罗了世间万象的宇宙。品一口葡萄酒，通过五种感官去联想自己以前未到过的地方，去一个个感知形成大自然这座城池的基石。有时，一些画面就像爆竹爆破一般一下子涌现在脑海。这么看来，时间和空间的界限也并不是那么绝对的。这种仿佛整个宇宙都浓缩在我手里的这杯酒中的感觉，亦使我变得更加谦虚。我也终于学会了只有胸怀世界的人才拥有的那种谦让姿态，真心欢喜。

### 第一章 神秘的绅士与蒙荔诺阿布鲁诺/001

与其硬要勉强抓住20岁的浪漫爱情，倒不如学习接受三四十岁时乏味却成熟的爱情，五六十岁时单调却深沉的爱情，试着体会农夫对变化的渴望。从香草般的爱情到雪茄般的爱情，再到花朵般的爱情，创造出这种爱情变化的农夫才是真正的浪漫主义者啊，不是吗？今夜就做一回浪漫主义者，在蒙荔诺阿布鲁诺里尽情徜徉。伴着葡萄酒的香气和夜空里的星星，一起闲适地散一次步吧。

### 第二章 浓烈的波尔多，柔和的波尔多/013

不论是葡萄酒还是人类，故步自封、不追求变化就不会有未来。不知道在波尔多学到的创新精神，Grand Cru的葡萄酒生产商会不会继续保持下去。品着波尔多的葡萄酒，总结出这么一个规律：人的内心其实也是由卡苏维和墨尔乐共同组成的，由人组成的社会也是强硬与温柔共存的，通过两者的协调形成一个比较和谐的社会。

### 第三章 阿玛瑞恩的矛盾统一/027

为了充分发挥创造力，我思考了一番提升社会格的方案，再次想起了阿玛瑞恩葡萄酒的酿酒师。本是失败的葡萄酒，却摇身一变，成了前所未闻的新型葡萄酒，而促成这一变化的正是酿酒师的创新精神。发现这种创新精神的原动力，是不是就是各个地方风格迥异、社会格很高的意大利的葡萄酒精神呢？阿玛瑞恩葡萄酒的矛盾统一说，正好印证了"创新型垄断"这一观点。

## 第四章 橡木的魔法/037

有时我会突然觉得，一位上了年纪的老人会变得越发像个孩子，也许是因为距离回归自然母亲怀抱的日子更近了。我也会想，是不是他觉得总有一天他会离开，会把我托付给自然，所以提前对自然表示感谢呢。父母与子女之间的间隙，我和父母之间也存在，然而此刻看着赏花的年迈的父亲，都烟消云散了，这是大自然给予我的又一礼物吧。或许这也是橡木带给我的"魔法"呢。

## 第五章 朗格多克与眼泪/046

如果朗格多克把波尔多和勃艮第的葡萄酒当作自己的模仿对象，追求某种已经被定性的葡萄酒的美的话，那就绝对不会迎来今天的鼎盛期。朗格多克真正的革新是把自然原封不动地呈现到葡萄酒里面，展示最真实的自己。这种精神让它的形象迅速鲜活起来，成为备受关注的一款葡萄酒。品尝时，它所带给我的感动，让我得出了"朗格多克葡萄酒拥有最原始的美"这一结论，甚至让我产生了带着希望重新站到画布面前的想法。总有一天，我要画出能带给人们感动，并且能让这种感动持续好几天的余味十足的画，在有生之年我一定要实现这个愿望。

## 第六章 浪漫喜剧的故乡——纳帕/060

迄今为止，在我所看过的浪漫喜剧中，剧中的人物之所以最后都能赢得美好的结局，是因为他们放下了内心的欲望和戾气，转而去追求爱情纯粹的价值。放下内心的欲望，去追求纯粹的价值，这就是美国的浪漫喜剧为我们展示的人生的反转。由此可见，happy ending正是打开大众的心门，引起观众共鸣的主要原因，我终于像是完成了所有作业一样，露出了自信的微笑。

## 第七章 冬季仙境——黑皮诺/074

越是在气候条件恶劣的地区，偶尔一次气候条件比较好时收获的葡萄，才会拥有更高的附加值。正是受到这一市场规律的影响，才会出现上述情况。然而，从非专业的经济学知识来看，稀少价值对资本利益的贡献并不大，从这一点来看，还是没有解开这个疑问。答案恐怕只能去法国葡萄酒哲学——"葡萄酒不是靠人制造的，而是自然的恩赐"里面找了。既然一时解不开这个疑问，那就暂且放一下吧。

## 第八章 西西里岛的两面性/087

葡萄的veraison时期就是糖分和酸度不断趋向平衡的过程。对于西西里岛人来说，民族性和开放性不是互不相容、完全对立的，而是可以实现两者之间的平衡的。从这一点来看，正是葡萄慢慢成熟过程中的veraison时期。遗憾的是韩国给我们的感觉，民族性和开放性两者互不相容、完全对立的关系。强调民族性，开放性就会变弱；相反，主张开放性，民族性就会丧失。两者始终做不到双赢，就像是一局一定要分出胜负的游戏。我以一位国民的身份，强烈希望我们能尽快走出这段最黑暗的时期，进入veraison时期。

## 第九章 皮亚佐拉的探戈，马尔贝克相伴/096

即便如此，我们的文化艺术仍然依靠少数明星创造，依靠聚光灯下明星的经济效益。这就像是虚假工程的建筑物，徒有外表，但是基础却无比脆弱，真是令人心痛不已。这一点在大众文化领域表现得更为严重。如果这种依靠少数明星创造文化的机制持续下去，我们的文化底子就会越来越薄弱。从对经济和明星效应尤其敏感、受市场人气和影响特别严重的韩国流行音乐（K-Pop）等韩流文化的起起落落中，就可以切身感受到。

## 第十章 黄色葡萄酒的呐喊——维欧尼/107

异国特色这种评价，只是表明它的不同之处而已，绝对不是要排名的意思，至少葡萄酒这里是这样的。如果我们去追溯人类社会原型的话就会发现，所谓的经济以及由此延伸出来的权利，本质其实都是蒙蔽了人类双眼的虚物，徒有其表而已。当我们纯粹去品尝一款葡萄酒的时候，至少是脱下了表象，更接近自身本质的。希望所有品尝维欧尼的人都能感受到它的异国特色，希望我们都能感受到。

## 第十一章 蜂蜜+花香甜味葡萄酒/116

如果说，我们的饮食文化体现了我们社会中的人际关系，真希望我们和社会能够像蜜蜂和花朵这样维持共存的关系。如果我们的饮食文化是能愉快地聊天，能彼

此相互照顾的饮食文化，那么后世的历史学家就能把　21世纪的饮食文化看作引以
为豪的文化遗产。

## 第十二章 生物动力——葡萄酒的炼金术/127

我们都只相信只有眼睛看到的、耳朵听到的物体才是存在的，这种认识阻挡了
我们全面了解宇宙万物。也许有人觉得我在独白的时候，突然把葡萄栽培和葡萄酒
酿造转移到生物动力学农作法上过于牵强，太过莫名其妙。但是，我是在议论浩
瀚的宇宙和天体，本意不在精神学。对眼睛看不到的世界力量，能够用谦逊的姿态
低下头去感谢，也是万幸的。

## 尾声/141

我希望人们能够单纯地享受葡萄酒。没有假饰没有虚荣，也不是为了体面，在
完成艰难的工作之后，为了抚慰自己的心灵来一杯葡萄酒，或者是和自己的伴侣说
着情话把酒言欢。……对于我的读者，我只有两个愿望：一个是希望看到大家嘴
角欣慰的笑容；另一个是大家不管接触到什么样的葡萄酒时，能够想起我的独白，
或者我曾经的独白。读者嘴角扬起微笑，是表明我的独白在他们心中留下了痕迹，
我会很感动。他们能够想起我的独白，表明我的故事已经成为他们的回忆，这很有
意义。

## 参考书目/145

序言
Preface

# 坦诚的美学

俗话说"十年的光阴足以改变江山",而我却是在大学讲台上度过了我的十年光阴。回首望去,江山好像并没有什么变化,依然屹立如昨日,然而人、社会、世界却在不断地发生变化。在过去的十年中,我有时是在为学生的青春和挑战加油助威;有时是在沉重灰暗的现实中自嘲唏嘘不已;有时是挣扎着在这如微尘般混沌的世界中寻找那一缕清新的空气。现在的我还年轻,还有的是时间,明明还不是我该回首整理的时刻,也许是十年光阴中的这个"十"字给了我沉重感,让我有了一种必须去执行某一任务的义务感——在众人面前进行独白的任务。

这也许是我在世人面前的第一次独白。对于一个除了放假之外,一直通过教室、广播电台、讲座来表达自己思想并以此为业的人,说出这样的话,人们也许会觉得莫名其妙。但是扪心自问,过去的这十年中,每一次给别人讲课、演讲的时候,我又何尝不是戴着假面呢。我一直戴着大学教授的假面。大学教授被认为是这个时代、这个社会智力和伦理的象征,是未来人才的培育者,因此也被赋予了沉重的业务以及特权,而我就是这其中的一员。无论周边的人怎么鼓励我说"您的讲座充满热情并且富有意义",每每站在那么多人的面前,我依然会紧张到手心流汗不止。年复一年,时光一晃而过,我目睹着自己一步步陷入俗套里。为了不被指责,我将自己打造成完全没有任何色彩的自我,而我连打破这个惯性的勇气都没有,慢慢习惯了这个以体面和粉饰为主的世界。如此说来,我所感受到的紧张也许正是对自我懦弱的反省。

然而,欢喜的瞬间也总会不期而至——年轻的孩子们对尚且不足的我投来尊敬的目光时;讲课评价获得满分好评时;费尽心思所写的研究论文终被发表刊登时……一定是我的人生得到了神的祝福才会有这么多欣喜的瞬间,也正因如此我的负担倍感沉重。神赐予我的祝福,无异于给我的双肩压上了沉重的负担,让我对神的感情真是又爱又恨。其实,对我来说真正的欢喜时刻,是我把自己诚实坦率地展现给别人的时候,这比任何时候更让我觉得欢欣雀跃、光明磊落。对于本就不怎么优秀的我来说,对付这个并不温和的世界唯一的武器就是坦诚。后来我终于明白,将自己精心地打磨、雕琢之后,再坦诚地展现在别人面前,就是我所谓的"处世之道"。虽然,因为这份坦率,我成了一块有棱角、不圆滑的顽石,但是我依然乐在其中。至少我的坦诚正在"抵抗"伪善,这种内心的自豪感油然而生。

# 独白准备

不知不觉间幡然醒悟:"沟通"已经成为统治世界的话题。但是,沟通并不是只能通过语言和文字两种手段进行。企业家是通过扩展事业,用商品与消费者进行沟通;教授是通过努力研究和教学与学生进行沟通；艺术家是通过优美的艺术作品与观众进行沟通。在这个新闻舆论的力量依然强大、SNS泛滥的时代，眼睁睁地看着几句话、几行字包装起来的伪善和虚情假意却无能为力，我甚至想，也许沉默不言才是最真实的沟通。

我并不是不想去沟通。如果沟通带给我的都是美好的话，我也没有必要去拒绝。我的一个细小的行动，如果可以用语言表达出来，进行沟通也可以说是好事一桩。然而，不知道从什么时候开始，"沟通"变成了一种政治用语，无奈，我只能傲慢地拒绝沟通。沟通已经成为这个时代的生存原理，拒绝沟通，其实就是不同意沟通的大前提。所谓沟通的大前提，其实就是说服。沟通和说服就像是一枚硬币的正反面。虽然很多人都给沟通披上了善良的外衣，但是说到底，沟通的目的还是说服。通过言语将自己的心意传达给对方，使对方对自己的态度转为友好，这是传媒学者所认同的说服的原理。我想，那些政治家们再三强调沟通的重要性的原因，归根到底也不过是想要说服有权者，以获得更多的选票。说服虽然不是什么否定性的用语，但是如果把它放在战略层面来看，现实中的沟通已经丧失了它的纯粹性，这是必须正视的事实。

因此，我选择的对话方式是坦诚的独白。也许独白会很冗长、很无趣、很麻烦，但是我只想将心底最真诚的想法展现给大家。我也知道无意识地去说服别人是一件极为艰难的事情，但是至少我不会为我的沟通披上伪善的外衣。我想也许会有人对我的独白纯粹性提出质疑，会质问我："如果沟通并不是目的，那独白的理由又是什么呢？"2013年的秋天，我曾举办过一次画展，曾有人问我举办画展的理由是什么。每当这个时候，我总是会说类似"我喜欢画画"这样比较肤浅的回答，有些比较执拗的人继续问我："喜欢画画，可以自己画自己欣赏啊，为什么一定要开画展呢？"这里面当然有我比较庸俗的私心。可能因为我是绘画专业出身的缘故，内心总归会有欲望，开画展正是为了填补这种欲望。后来我好好思考了一番，终于明白：我从观众的需要出发其实是我本能的流露。我开始清晰地认识到，把自己的画展示在众人面前，是一种无法隐藏的艺术本能。确切地说，是伦理上无法解释的本能。因此，对于钢琴家的演奏、舞蹈演员的舞蹈、电影导演制作的电影来说，空间和观众都应该被感谢，因为是这些让他们内心关于艺术的欲望得以实现。这么看来，我独白的理由在一定意义上就比较清晰了。非常单纯的理由，就是我自身本能的发散。

# 为什么选择葡萄酒

我去美国留学最先接触到的心理学理论是态度理论。不知是不是文化差异的原因，当我第一次以学问的方式接触到"态度"的概念时，脑海里浮现的都是权威、道德和礼仪等相互交织的具有重大意义的内容。后来才发现，是因为"态度"这个词语在韩国多被使用在有教育意义的地方，所以我才会产生上述想法。但是真正的态度理论家，获得世界级权威认证的美国籍教授所解释的"态度"的概念就是单纯本身，就是单纯的喜欢或讨厌。所举的例子也都是很幼稚的，如喜欢苹果，讨厌橙子等。我也是后来才意识到态度理论是一门深奥的理论这一事实，它不仅仅是在心理学，在营销学、政治学、经济学等邻近学科中也是解释人类意识决定机制的根本。在算是入门级别的第一堂课上，我就发现自己沉醉其中了，我脑海里突然冒出一个想法：对我来说，有所谓的"态度"一说吗？除了小时候对棒球狂热的爱好之外，我甚至都想不起来我还喜欢过什么。好往身上揽，坏往门外推。我身上这种不正确的认知，也可以说是韩国社会的原因。因为我生长在一个更尊重集体文化而不是尊重个人的社会，与其做出头鸟，我更愿意做一条变色龙，可以根据周围的环境变换自己的颜色。

"常在河边走，哪能不湿鞋"，社会生活过得久了，总会有各种各样的聚餐聚会。最初觉得喝一杯两杯没有关系，只是把酒当作聊天的调味料，有一段时间我甚至有时候会喝到有些飘飘然。我丝毫感觉不到酒文化的朴实真挚，只觉得它很粗鲁。然而葡萄酒就不一样了，它优雅明快的外貌足以刺激我内心深处升腾的欲望。我读了一两本有关葡萄酒的书籍，也会将一些道听途说的故事用作吸引人的谈话素材。虽然记不清具体是什么时候了，但是当我回想起很久之前我第一次遇见葡萄酒的时候，我的第一反应竟然是10年前在美国留学时第一次上心理学课程的情景。那是我第一次接触到态度心理学，直到现在我还能回忆起当时的情景，当时我不停地埋怨"为什么态度会像黑洞一样存在"。这是我生平第一次有这样的感觉：接触到某一东西的瞬间一下子想起了以前美好的回忆，我好像一下子想起了这个曾经既是我的乌托邦，又是我的桎梏的态度心理学。原来我也是有态度的，直到此时，我才找到这种安心感。

就这样，葡萄酒的世界向我敞开了，这是一个无法想象的奇妙世界。就如国内外葡萄酒鉴赏师们所说的那样：一杯葡萄酒就像是一个包罗了世间万象的宇宙。品一口葡萄酒，通过五种感官去联想自己以前未到过的地方，去一个个感知形成大自然这座城池的基石。有时，一些画面就像爆竹爆破一般一下子涌现在脑海。这么看来，时间和空间的界限也并不是那么绝对的。这种仿佛整个宇宙都浓缩在我手里的这杯酒中的感觉，亦使我变得更加谦虚。我也终于学会了只有胸怀世界的人才拥有的那种谦让姿态，真心欢喜。为我打开葡萄酒之门的那瓶葡萄酒，算不上多么名贵，两万多韩币就可以买到，当然与其他的酒类相比，葡萄酒算是较昂贵的了，但是与标价数百万韩币的其他葡萄酒相比，它真的算是很便宜了。即便如此，葡萄酒依然成为我坚实的"后盾"。作为一个社会人，在这个冷漠的世界生活久了，心里的各个角落难免会留下一些伤口，我手里的这个小宇宙总能为我抚平那些伤口。虽然还不是很熟练，但我已经开始学习超脱世俗的方法，以浩然之气去对待世间万象以及各种矛盾。

此时此刻，我也不知道后面会展开怎样的故事。唯一可以确定的是，我希望通过葡萄酒讲述与人、社会、世界有关的故事。我接触葡萄酒不过短短几年的时间，所讲述的葡萄酒故事到底有几分值得信任呢？我不会以葡萄酒专家的身份自居。关于介绍葡萄酒专业知识的书数不胜数，本书在这方面对读者的帮助并不大。我在世人面前讲述葡萄酒的故事，无非是希望将我心底最深处的态度展示给大家，告诉大家走近包罗万象的宇宙以及葡萄酒的方法。虽然无法确认，但我依然希望：在本书出版之后，我的独白能够治愈读者内心受到的伤害。

[韩] 金珉何（音）

2015年3月21日

▲画作1 墨尔本
（本书中插图全部为作者手绘，下同）

# 第一章

## 隐秘的绅士与蒙荔诺阿布鲁诺

望着夜空升起的无数星星，可以想象到它们围着地球自转时在缓缓地移动。葡萄酒倒入杯中后随着时间的流逝，悉心感受它口感的变化，突然想知道口感变化的速度与星星移动的速度是不是大体一致。

葡萄酒的香气分为果香（aroma）和酒香（bouquet），前者来于葡萄自身的香气，后者是将发酵后的葡萄原汁放入橡木桶中储藏成熟后得到的香气。制作橡木桶时，为了使橡木板能够弯曲得更圆润一些，会用火熏烤橡木板，这时产生的醇厚的橡木味会在发酵的过程中溶解到葡萄酒里。有人喜欢葡萄本身带有的果香，也有人喜欢葡萄酒在橡木桶中发酵过程中形成的橡木味，我就很喜欢黄油、香草、巧克力、咖啡、柏油、雪茄、泥土等发酵成熟后混合的烟火香味。也许正是因为这不是葡萄本身自带的果香，所以让人觉得神奇的缘故。当然像葡萄等果实的香味，不论是热带水果还是甜腻的花香都很有质感、很有魅力，但是橡木味更复杂更特别，所以才更吸引我。虽然可以一次就品出这么多的香味，但是我们之所以把葡萄酒看作是唯一的有机生命体，是因为它随着时间的流逝以及与空气接触，展示给我们的不同香气不断改变的样子。从香草香到雪茄香、从雪茄香到花香的慢慢变换。迄今为止，只有喝意大利的蒙荔诺阿布鲁诺葡萄酒时，才能让我更清晰地感受到随着时间的流逝葡萄酒的香气变化，总能使我联想起星星的移动。

从一个熟悉的领域到一个完全生疏的领域，这样的挑战本身就不是一件易事。人类的生存也有物理学中所讲的惯性，打破自己一直维持的习惯追求变化，不是一般的困难。艺术领域也是如此，尤其是艺术还需要长期的训练和打磨。长期在某一领域活动必然会带有这一领域的惯性，对于那些在不同领域切换自如的艺术家理应常怀敬畏之心。安东·寇班（Anton Corbijn）就是一位这样的艺术家，他以摄影师的身份成名，而后转行做电影导演。转行后，在他的第一部作品中就有蒙荔诺阿布鲁诺的场景，不知道是不是巧合，葡萄酒的变化与电影主人公的变化，以及导演自身的变化都在这部电影中融为一体，也许这部电影本身就象征着导演自己追求变化的欲望。

《隐秘的绅士》这本小说，拍成的电影名为"American"，电影的拍摄背景是意大利，把欧洲人对美国人的陌生感，或者是把美国人永远看作异乡人的这股"韧劲"，借助电影的主人公表现了出来。自己制作枪支与成为职业杀手的美国主人公，在意识到自己有生命危险后，潜入意大利的一个乡村——阿布鲁诺，过起了隐居的生活。后来某天晚上，他爱上了一位做金钱交易的妓女，于是他计划与那些职业杀手清算完后，带着自己心爱的女人离开这里开始新的生活。然而他却被找上门来的杀人犯袭击，虽然最终拼了命得以逃脱，但却在与爱人约定的地方死在了爱人怀里。在他计划着与心爱的女人开始新生活的那天晚上，晚饭时两人所喝的葡萄酒恰好就是蒙荔诺阿布鲁诺。一位隐居在封闭小山村的暴力世界的主人公，最终转变为一位不顾性命追求爱情的浪漫故事里的男主角。在整个电影情节中，葡萄酒虽然仅仅出现了几分钟，但是那段时间正是我被蒙荔诺阿布鲁诺富含生命力的酒香和变化的魅力深深吸引的一段时间，虽然仅仅只有几分钟但足以抓住我的视线。当时我甚至在想，是不是这瓶葡萄酒的魅力真的可以改变一个人，使美国的异乡人放弃一切去追求爱情。然后我才意识到，我真的是深爱着这款葡萄酒。

　　阿布鲁诺位于意大利的中东部，紧邻亚德里亚海。这个地区生产的葡萄酒主要品种是蒙蒂普尔查诺，它的主要特征是黑红的浓重色彩和稍显黏稠的质感。在葡萄酒专卖店里，经常会有人说，意大利的葡萄酒主要特征是酸度更强一些。这是因为意大利的代表性葡萄品种——内比奥罗和桑娇维塞属于传统品种，偏向于酿造比较爽口的酸味。内比奥罗主要在意大利西北部的皮埃蒙特地区种植，是有"葡萄酒之王"美称的巴罗洛以及比其稍逊但是性价比极高的巴巴莱斯科葡萄酒的主要原材料。因其生长的地理位置与法国的勃艮第地区极其接近，一般都认为其与黑皮诺的特征基本一样，拥有轻快的质感和酸爽的味道。位于皮埃蒙特南面的托斯卡纳地区的本土品种桑娇维塞，以其可酿造出酸度极高的基安蒂葡萄酒而广为人知。托斯卡纳地区出产的葡萄尤以蒙塔尔奇诺最为优质，以它为原料酿成的葡萄酒被称为蒙塔尔奇诺布鲁诺。可能会有一些混淆，其实在托斯卡纳也有个叫蒙蒂普尔查诺的地方，这里出产的蒙地宝仙奴贵族葡萄酒是以桑娇维塞葡萄为基础制作而成的，与阿布鲁诺的葡萄酒品种根本就是两回事。一直以来生产酸度比较高的葡萄酒的意大利，在移植、栽种、培育法国勃艮第地区葡萄品种的同时，重新开拓出了被称为"超级托斯卡纳"（Super Tuscan）的崭新领域。从很久之前开始，它的色彩和质感就向着更浓重的方向变化了，只是传统一直是将葡萄酒的酸味当作优点来宣传，因此这种传统的需要使它的这一传统特征在一定时间内还会持续下去。

意大利地图

资料来源：http://image.so.com/v?q=意大利地图&src=360pic_normal&fromurl=http%3A%2F%2Fwww.22655612.com%2Fpage%2F286.html#q=%E6%84%8F%E5%A4%A7%E5%88%A9%E5%9C%B0%E5%9B%BE&src=360pic_normal&fromurl=http%3A%2F%2Fwww.22655612.com%2Fpage%2F286.html&lightboxindex=0&id=60932a593d0fa53f32f79ad008f2e5a8&multiple=0&itemindex=0&dataindex=0.

[照片1　阿布鲁诺风景1]

[照片2 阿布鲁诺风景2]

蒙荔诺阿布鲁诺葡萄酒总是给人一种浓重醇厚的感觉，不知道是不是将其与意大利传统葡萄酒做对比的原因，但是即使是选择法国和美国的一些比较醇厚的葡萄酒来与其做比较，这种感觉依然很强烈。干葡萄酒大多比较有后劲，抗氧化的能力比较强，一旦打开，它的味道就能持续比较长的时间，因此最好先把它倒出来"醒醒酒"（decanting）。醒酒可以使一直尘封于软木塞下的葡萄酒充分与空气接触，激活它特有的酒香。一般使其持续醒（breathing）一个小时以上，是感受葡萄酒香变化的最佳时间。有的专家说这个过程不是必须要有的。如果你想要充分醒酒的话，最好是有专门的醒酒器具，我一般都是将它倒入玻璃杯后，一边慢慢地品尝食物，一边充分欣赏葡萄酒口感（palate）的变化。正如前面所说，我之所以被蒙荔诺阿布鲁诺深深吸引，就是因为它的香气和味道的层层变化，让我有一种与星星一起移动的错觉，嗅觉和味觉的变化，与视觉的移动完全一致的奥妙的通感体验。

如果我们用朴实的科学分析来解释，可以解释为：虽然用肉眼看不出来，但是因为构成香味的粒子在不断移动，造成了葡萄酒酒香的变化，这就与星星的移动一样可以用同一个物理原理来解释。虽然这样的解释失去了通感这一体验精髓，但是只有这样才让我们开始认识日常生活中因眼睛看不到而错过的世界。人们往往都是对于看的见的伤口有负罪感，如果我们不当的攻击性言辞给对方带来了伤害粒子，并且对方因此受伤的感情粒子都能用眼睛看到的话，就能阻止形而上学的语言暴力了。同样，如果愉悦、欢喜、享受等幸福的感情构成粒子，也能用眼睛确认的话，我相信我们都会对神、对宇宙万物、对周围的人鞠躬表示真诚的感谢。所谓变化，就是肉眼看不到的一些粒子的移动，这些粒子移动的物理作用，就是对所有宇宙生命体存在感的最鲜活的证明。虽然对于葡萄酒生命力的感知过程无法用肉眼直接看到，但是它却与我的感情粒子一起移动带给我愉悦的感受，就像在葡萄酒的香、我的感情、星辰的移动组成的三重奏里，闲适地散步一般的感觉。虽然这么说，但我心里其实很担心他人会认为我很矫情、很夸张。

[照片3　星座1]

我陷入了苦闷之中。这么说来，我们应当把这世上所有的变化当成宿命来接受。有些东西分明是不希望发生变化的，就像我们小时候紧紧抓住的拔河绳子一样，即使不希望改变，但想要紧紧抓住的东西最终却变了。我们要知道这是宇宙万物的规律，应当接受并且欢迎，就像我们无论多么想要留住年轻和健康，也不得不接受生老病死这一法则一样。爱情对于世人来说是最温暖的慰藉，恐怕无论怎么解释，最终还是接受不了它的改变。既然说到了浪漫戏剧题材的电影，那就再说一部在我记忆中印象深刻的爱情电影吧。其实,在如此忙碌的社会生活中,要想记住看过的每一部电影的名字不是一件易事。具体时间已经想不起来了,应该是很久以前看过的一部电影了,我之所以还能记住它的名字是因为它和我喜欢的一首歌的名字是一样的,是以"春风吹起的粉红色裙子"为开头的一首歌,至今我都无法理解,这么一首就连我的父辈听起来都感觉"过时的"的描写春天流逝的歌,它的凄凉感竟那么扣人心弦。电影的故事梗概已经记不清了,就连我喜欢的歌曲是不是这个电影的背景音乐,都记得不是很清楚了,只是到现在都一直记得一句台词,就是电影里的男主角对想要分手的恋人无力地问道:"爱情怎么会变呢?"

十有八九的爱情是会变的。不,是所有的爱情都会变的。其实问题并不是变化本身,而是我们对变了质的爱情的失望、矛盾,还有分手的无力感。是因为日益增长的离婚率吗?我们对新婚夫妻送去白头偕老的祝福,是因为我们相信有始终如一的爱情作支撑,就肯定可以在漫长的岁月中克服矛盾和痛苦,维持住婚姻。但是我们却从未关注过爱情的巧妙变化。我们不仅对始终如一的爱情抱有渴望和幻想,而且认为不变的爱情才是真的浪漫,才是人类的伦理道德。因为梦想着初见时的浪漫爱情可以一直不变,所以到中年的倦怠期才会备受煎熬、痛苦不堪。有时候,电视里会有导师指导中年夫妇如何克服倦怠期,在他们看来,大部分夫妇都是生活态度的问题,既想要留住20岁时的浪漫,又不愿付出辛苦的努力。甚至会给出"既然期待总是伴随着失望,那为何不降低对对方的期待"这种心理学上的答案。但是让四五十岁的人,保持20岁时的怦然心动是不可能的,也是很不自然的。然而又不愿意给正在热恋的情侣泼一盆冷水,让他们降低对爱情的期待。我有一个很土气的办法,就是变成一位农夫,试着去耕种爱情的田地，怎么样？

　　爱情也是感情的粒子，只要有粒子运动就会产生变化，这是必然的事情。我认为没有变化的爱情，那是已经死掉的爱情。农村的离婚率比城市的要低，与其说是因为农民脱离了城市快餐式的思考方式和文化，倒不如说是他们在干农活的过程中，"变化"这一自然法则已经深入他们的内心。春天播种，夏天插秧，秋天收获，冬天御寒，农夫一直不停地努力应对土壤、季节的变化以及无法预测的天气和环境的变化，以获得更好的收成。他们是比艺术家更美的创造者，比物理学者更直接的粒子运动的见证人。因此，我才小心翼翼地提出了将人间的爱情看作是农田里的农作物这样一个思维转换方式。如果现在有人正在爱情里苦苦挣扎，我真的很想去问问他："你曾经渴望并追求过'变化'这一自然法则吗？站在人生的岔路口，为了遇见更好的自己而挥汗努力过吗？为了应对恶劣的天气、寒流，突如其来的洪水、干旱而顽强坚持过吗？"与其硬要勉强抓住20岁的浪漫爱情，倒不如学习接受三四十岁时乏味却成熟的爱情，五六十岁时单调却深沉的爱情，试着体会农夫对变化的渴望。从香草般的爱情到雪茄般的爱情，再到花朵般的爱情，创造出这种爱情变化的农夫才是真正的浪漫主义者啊，不是吗？今夜就做一回浪漫主义者，在蒙荔诺阿布鲁诺里尽情徜徉。伴着葡萄酒的香气和夜空里的星星，一起闲适地散一次步吧。

▲画作2 巴黎3

# 第二章

## 浓烈的波尔多，柔和的波尔多

"柔和一直是浓烈的劲敌。"这句耳熟能详的格言所包含的内容，随着年龄的增长，特别是接触波尔多以后，越来越感同身受。因为，浓烈的葡萄酒与柔和的葡萄酒碰撞结合，可以创造出价值更高的葡萄酒。集团社会往往更重视同质性，拥有相同的想法、相同的理念、相同的文化的人群聚集在一起。如果一定要说我们比群居动物更进化的地方在哪里，我想应该是我们可以将一个天平的两端——强硬与温柔更好地协调在一起，创造一个更和谐的社会。

评价葡萄酒的标准之一就是复合性。毫无疑问，比起只有一两种酒香和味道的单调的葡萄酒，拥有不同的酒香、复合性更高的葡萄酒一定是更有魅力的。这种复合性虽然主要受发酵过程中酿造方法的影响，但是也可以通过不同品种的葡萄混合使用获得，也就是说可以通过branding来获得。即使是varietal葡萄酒——因使用单一品种而命名，其实也会通过稍许的复合混用，丰富自身的口感。主要品种的构成比例，虽然根据国家的不同略有差异，但是规定基准一般是在70%到80%以上。部分葡萄酒爱好者认为，单一品种的葡萄酒发挥复合性口感时价值更高，理应卖价也更高。然而，对葡萄酒的品味，归根结底还是通过感觉器官实现的。对于它是单一品种还是复合品种是否重要的讨论，有点过于用头脑来品味葡萄酒了，因此我并不是十分赞同。不论怎样，从很久之前就将这种复合型葡萄酒推广开来的地方，正是葡萄酒的故乡——法国的波尔多。只要听到波尔多这个地名，脑海里最先想到的就是葡萄酒，在全世界这都是个不争的事实。由此看来，法国的波尔多葡萄酒当之无愧是众多品牌由旧世纪走向新世纪的领军人物。我承认波尔多葡萄酒只是无穷无尽的葡萄酒世界中的一个小分支，但是我依然坚持认为

"不知道波尔多，就不配有资格谈论葡萄酒"。

　　以加伦江为首的三条河流穿过波尔多城市的中心，将其分为左岸和右岸。被列入1855年划分的列级庄园"Grand Cru Classe"的葡萄酒酿造厂多分布于以梅多克为中心的波尔多城市的左岸，特别是海拔较高的上梅多克地区，是"Grand Cru Classe"中的葡萄酒酿造厂分布最集中的地区。除了梅多克地区以外，格拉夫、索甸等地区也都盛产高品质的葡萄酒，并且都有属于自己的葡萄酒等级划分标准。波尔多的右岸主要包括庞马洛（Pomerol）、圣达美隆（Saint-Émillion）、两海之间等地区，虽然没有被划入以左岸为中心的"Grand Cru Classe"中，但是这里却聚集着很多盛产优质葡萄酒的人气葡萄酒酿造厂。葡萄酒无可厚非地受到气候、地质、土壤、自然环境等综合性自然条件（terroir）的影响，波尔多的左岸毗邻大西洋，右岸的地理位置则稍偏内陆，双方所拥有的风土条件是不一样的，这种不同的风土条件造就了左岸和右岸代表性品牌的差异。左岸的代表品种是比较浓烈的、比较男性化的卡伯纳-苏维翁，而右岸则主要盛产果香更丰富、更温柔一些的墨尔乐。

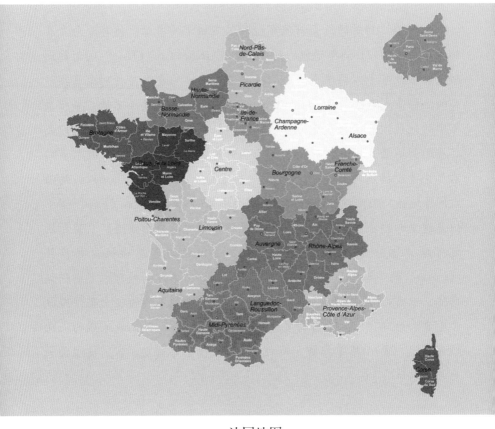

## 法国地图

资料来源：http://image.baidu.com/search/detail?ct=503316480&z=0&ipn=d&word=法国地图&pn=1&spn=0&di=161955461030&pi=&rn=1&tn=baiduimagedetail&ie=utf-8&oe=utf-8&cl=2&lm=-1&cs=2512011346%2C1096067023&os=3115898476%2C2804997055&simid=3279244503%2C88191128&adpicid=0&ln=30&fr=ala&fm=&sme=&cg=&bdtype=0&oriquery=&objurl=http%3A%2F%2Fwww.seemap.cn%2Fuploadfile%2F2014%2F0623%2F20140623105728809.jpg&fromurl=ippr_z2C%24qAzdH3FAzdH3Fooo_z%26e3Bfjj4wr_z%26e3BvgAzdH3Ftgljx_z%26e3Brir%3F4%3Dv5gpjgp%26v%3Dtgljx%26w%3Dfi5o%26vwptl%3Ddd%26tl%3Dnm9a&gsm=0.

波尔多地图

资料来源：http://image.baidu.com/search/detail?ct=503316480&z=0&ipn=d&word=波尔多地图&pn=2&spn=0&di=198737285450&pi=&rn=1&tn=baiduimagedetail&ie=utf-8&oe=utf-8&cl=2&lm=-1&cs=1112220458%2C3752533166&os=1817658073%2C2515283086&simid=3396248833%2C319822177&adpicid=0&ln=30&fr=ala&fm=&sme=&cg=&bdtype=0&oriquery=&objurl=http%3A%2F%2Fwww.guolv.com%2Ffile%2Fupload%2F201410%2F06%2F20-56-56-43-647.jpg&fromurl=ippr_z2C%24qAzdH3FAzdH3Fooo_z%26e3B275se_z%26e3Bv54AzdH3Fuw275AzdH3F1tp7AzdH3F0ddbc_z%26e3Bip4s&gsm=0.

　　葡萄酒的质感越是浓重、醇厚就越会有男人的力量感，卡伯纳–苏维翁就是这样的典型代表。葡萄酒爱好者经常会喊它名字的缩写——卡苏维。这一品种的主要特征就是：色泽比较浓重、果皮比较厚。葡萄酒口感比较涩的成分——单宁酸，主要来自葡萄皮。与葡萄枝茎中含有的单宁酸相比，葡萄皮中含有的单宁酸要更温和一些。有时候，在葡萄酒发酵之前的分选破皮过程中就会把葡萄枝茎挑出来扔掉，因此葡萄酒中的单宁酸成分主要是由葡萄皮决定的。刚刚发酵完成的葡萄酒酸涩感比较强，经过1～2年的酿造成熟后，口感就会变得温和一些，也正是在这一过程中，单宁酸使葡萄酒的色泽更浓重醇厚，形成视觉上比较黏稠的质感。卡伯纳–苏维翁的果皮比较厚，所含有的单宁酸成分也就更多一些，经过酿造成熟后，会形成更浓稠的质感。当然，果皮中的单宁酸成分并不是形成浓稠质感的唯一因素。葡萄颗粒的大小、果肉的厚薄程度，才是影响葡萄酒质感的决定性因素。卡苏维的果实颗粒小，因此不能寄希望于通过果肉来提升葡萄酒的质感。虽然果皮比较薄，但是果实颗粒大的墨尔乐，其突出特征是果香丰富，但质感比较单薄，而这一点却因为其果实颗粒大、果肉比较厚得到了很大改善。卡苏维的复合混用搭档有很多，但是只有墨尔乐才是它的最佳搭档，可以将它浓烈的性格变得最温和。

　　当然，葡萄酒也是有两面性的，说"卡苏维是浓烈派，墨尔乐是柔和派"并不像数学公式一样一成不变。生产地域的不同或者栽培方式的不同，使有些地区的墨尔乐葡萄酒比卡苏维葡萄酒还要浓重醇厚。在电影《杯酒人生》中，主人公极度贬低了墨尔乐葡萄酒，对黑皮诺葡萄酒却给予了极高的评价。因此，对于葡萄酒的评价，一般都会带有很强的主观色彩，并没有一成不变的答案。即便如此，人类的感知评价还是会有个平均值，卡伯纳–苏维翁被定位成浓烈派，而墨尔乐被定位成柔和派，应该是大部分葡萄酒爱好者的共同评价吧。但是就我自己而言，与其这样将两者定位成完全对立的两个派别，我更倾向于将两者混合后的定位。写下这段文字的时候，正是我初学专业葡萄酒鉴赏家课程和化学理论课程的时候，对于葡萄酒在橡木桶发酵过程中所实现的复合到底是什么化学原理，我还无法用中坚力量"hard core"这样专业的术语来解释。但是，当我试着用我所知道的人文学科的语言来解释卡苏维与墨尔乐两者混合复合的原理信息时，我的视线总会不自觉地就转移到了这个社会的动态关系上。

[照片4　卡伯纳–苏维翁]

　　"若想在这个拥挤混乱、适者生存、弱肉强食的社会中生存下去，就必须让自己变得更强大。"这是在我高中班主任那里听来的不是教训的教训。坦白来讲，这也是我大学毕业踏入社会后悟出的生存法则。每当遇到困难的时候，我都会想起铁百炼成钢的格言，安慰自己：现在的磨炼都是为了以后能够遇见更强大的自己。然而，年复一年，随着社会阅历的增加，我总结出的结论却是：温柔在社会生活中不可或缺。我在讲台上度过的10年职场生涯，可以分为三个阶段：第一阶段恰好就是卡伯纳-苏维翁刚刚被发酵完成的阶段；第二阶段是经过橡木桶储藏成熟后，变得温和了一些，但是依然很浓烈的阶段；也正是在这个时候迎来了第三阶段，与墨尔乐混合后，更加温和的阶段。然而正是在这最温和的阶段，我却感受到了内心最强大的自我。大学本应该是知性和伦理道德的讲堂，但是在这里依然可以发现伪善的影子，再加上大学本身就是社会组织的缩影，作为乙方的我曾不止一次感到愤懑。但是后来我渐渐明白了一个道理：我并不是一定要追求生活的历练，但是一定要为世人留下我的教训。每当接触到披着伪善外衣的人时，我都会不停地探索人类的本质，我想现在是时候给出一定的答案了。

[照片5 墨尔乐]

　　不久前，哈佛大学迈克尔·桑德尔教授所著的人文学素养类书籍在韩国国内畅销，一度成为讨论话题，我有幸接触过他的两本书。在人文学素养类书籍风靡之际，我们国内的评论家们一反常态，竟然一致从桑德尔的代表作《什么是正义》里，根据内容梗概推出了桑德尔式"正义主义"这一口号，表达了对腐败政府的不满和反感。还有一部分喜欢分类的评论家，给桑德尔贴上了"进步自由主义者"的标签。政治圈的左派和右派为了同化桑德尔，甚至做出了一些令人笑掉大牙的举动。然而读了桑德尔的书以后，我却觉得他的书之所以畅销，另有原因。的确如评论家们主张的那样，桑德尔指出了这是个腐败的社会，然而这并不是整本书的焦点，反而是这本书中展现的对人类持续一贯的肯定主义，在不知不觉中深深吸引了读者。从书的内容梗概中，就能够从侧面看出他所主张的肯定主义以及乐观论，下面我将引用他的两个例子来阐述一下我的观点。

　　具体的情景我已经记不清了，只记得书中写道：以色列的幼儿园，也就是托儿所的保教师们，在一个项目结束后会向晚来接孩子的家长收取罚金。等候迟到的家长本身就是在浪费时间，而且很可能会造成下面的保教项目无法进行，所以才出此下策。令人费解的是，罚金政策施行以后，迟到的家长反而更多了。根据桑德尔的解释，这是因为家长对于迟到的负罪感都被罚金抵销了，反而没有了要赶快去接孩子的动机，所以迟到的次数反而增加了。按常理说，应该是学生家长们为了不缴罚金，尽量按时来接孩子，然而结果却恰恰相反，这多少让人有些意外。虽然解释得很简单，但从字里行间可以看出人并不是金钱的附属物这层意义。对于桑德尔的社会个体内心的负罪感是社会的润滑剂这一观点，我们再来解读一下，是不是可以认为，只要是一个人内心怀有负罪感，就是在追求善良呢？

另一个例子出自欧洲设立核处理厂时所做的民意调查。欧洲有个小村子,其所在的政府想要设立核处理厂,因此展开了大规模的民意调查。为了说服民众,政府先制造话题宣传,然后调查各个阶层民意的反应,其中有一次试图在公共利益这一层面上说服居民。就是说,反正每个村子都必须设立核处理厂,即使会有一些副作用,如人体伤害、经济损失等,希望大家能够顾全大局,为了实现公共利益,同意设立核处理厂。还有一次贴出了给予经济补偿这样刺激性的措施,因为设立核处理厂会给个别居民造成一定的身体上和经济上的损失,所以政府对此会给予经济补偿。令人惊讶的是,相较于前者,后者政策出台的时候,对于设立核处理厂的支持性舆论反而更低一些。虽然预测到了调查对象回答问题时可能更倾向于公共利益方面,但出现这样完全意外的结果,还是一语道破了桑德尔特有的一贯性肯定主义观点。这个世界上确确实实存在用金钱买不到的无形价值。虽然无法用语言确切地表达出来,但是桑德尔的读者在读他的著作的同时,会鼓舞自己去关注自身投射的人类的尊严和能动性。虽然现实中充斥着对权力的阿谀奉承和服从的物质万能主义,但是这是对用金钱买不到的人类最基本的尊严最好鼓舞与报答。电视剧《未生》讲述的是这个时代工薪一族的共同特征和共同心理,或者说是对有着尊严和能动性的人类本质的内在自我和在现实中的自我进行的对比和彻底反省,也许这正是负罪感吧。这难道不是一种感情的升华吗?

做了大学教授后我发现,除了学业之外,与学生沟通的机会还是挺多的。大部分学生最苦闷的是对于就业或者未来的展望。通过与学生的谈话,可以把握他们对我形象的定位和期待。虽然,不知道这是不是一件值得高兴的事情,喜欢我的学生们异口同声地指出,他们都喜欢我没有权威的样子。因此我就在想,是不是我太没有架子,太随便了呢？他们到底喜不喜欢这种平等的关系呢？但是随后，我马上对他们投去了同情的目光，因为世界对他们如此薄情，社会对他们如此残酷，家长对他们又是如此强硬。同时，我也开始反省，现在的教学活动没能充分教会学生发挥自身的尊严和能动性。我们经常会指责那些飞扬跋扈很嚣张的人，无一例外都是因为他们无视或者践踏了别人的尊严和能动性，这种人应该被指责上百次。意见领袖们对于甲方暴行的批判和指责已经够多了，下面我们就来看一下乙方吧。首先我是由校长以下的大学教授组成的等级社会中的一员（属于乙方），其次对于经常干一些莫名其妙的事情的甲方，我懒得去教育批判。

我只是想问，在这个到处批判甲方横行的社会氛围中，乙方真的能够获得自由吗？这难道不是打着社会的陋习和弱者的名义，践踏自己的尊严和能动性吗？因此，才催生了对强者服从而不敢反抗的文化主体，成为权力的保护伞。如果给此命名的话，这难道不是倚弱卖弱吗？对于改变权威性企业文化的呼声一直居高不下，改革的主体一定是企业的业主或者职员。如果这样定义主体的话，我就把我自己定位成了改革的客体。对于改革的变化和成果，我把自己本来拥有的参加资格就像扔卫生纸的碎片一样扔掉了。我曾经也是一名大学生，20世纪90年代初期、中期，我也是接受权威教育的一员。想起了那时青春的时光，那些难熬的学习美术史的时光，对那些最具创意的艺术作品，我们竟然都是看着它们的照片，像鹦鹉一样把教授讲的内容完全背诵下来，应付考试。不知道是不是因为无意中听到了西方赞扬论，我最终选择了去英美国家留学深造，在留学期间给我印象最深的就是教室里可以自由对话和讨论的情景。学业评估还是对积累的知识进行严密的考核，但是至少在这样自上而下的沟通过程中不会掺杂着权威主义。对于教授讲述的内容，年轻的学生可以进行反驳，教授会鼓励、称赞这些反驳。教授的权威并没有消减，也不会从学分上报复学生。只有这样自由地交换创意性的想法和思考，才是进取型的课堂氛围。那时，我总是很晚才从图书馆出来，下定决心如果以后我也成为一名教师，一定要把这种进取型的课堂氛围贯彻到韩国课堂上。时光流逝，转眼已过2015年，虽然韩国社会的权威主义风气依然很严重，但是社会上对于老旧思想的责骂，是不是可以看成是变化的前兆呢？我是不是太乐观了？

　　无论是甲方还是乙方，现在都不是批判自己曾经对权威主义言听计从的时候。不仅强者压迫弱者的权威主义依然如故，那些阿谀奉承寄生于强者的权威主义之下，排斥弱者同僚，促进服从文化再生产的人，也依然如故。这种情况在葡萄酒的世界中也是存在的，不知道是该称之为权威，还是权威主义呢？就连我非常喜欢的波尔多葡萄酒的生产商，也被一些葡萄酒爱好者变成了权威主义的根据地，真是令人遗憾。波尔多左岸梅多克（Medoc）地区的葡萄酒生产商们，于1855年建立起圣达美利安地区的特级庄园（Grand Cru）等级体系后，除了1970年破格接纳了一家有名的酒庄加入外，至今一直没有任何变化。Grand Cru的传统一直被维持至今，不知道是不是把它当成了一种营销战略，所以没有再做其他评价。每十年重新进行一次评价，划分等级，这也是为什么波尔多左岸梅多克比右岸圣达美隆的权威主义更重的原因。不知道是不是由于这个原因，与Grand Cru等级的葡萄酒相比，波尔多的中级酒庄Cru Bourgeois级别的葡萄酒虽然市场卖价更低一些，但是却能立刻让消费者感受到它的美感，而且其一直在不断地追求创新，很多时候让人觉得比Grand Cru等级的葡萄酒更优秀。

[照片6　圣达美隆]

　　现在想想，波尔多最早的创新应该就是复合混用吧。为了改善卡伯纳–苏维翁浓烈粗糙的质感，与墨尔乐等比较温和的、可提升美感的葡萄品种混合使用，以追求更高的价值。正是这种追求创新的精神，使它成为葡萄酒世界中的佼佼者。与以前追求单一品种不同，现如今，以欧洲为首的葡萄酒世界的老人，甚至连美国、南美、澳洲等葡萄酒世界的新人，都将复合混用当成了葡萄酒发酵成熟过程中非常自然的一个步骤。不论是葡萄酒还是人类，故步自封、不追求变化就不会有未来。不知道在波尔多学到的创新精神，Grand Cru 的葡萄酒生产商会不会继续保持下去。品着波尔多的葡萄酒，总结出这么一个规律：人的内心其实也是由卡苏维和墨尔乐共同组成的，由人组成的社会也是强硬与温柔共存的，通过两者的协调形成一个比较和谐的社会。

▲画作3　威尼斯2

# 第三章
## 阿玛瑞恩的矛盾统一

　　创意性的另一个名字就是"人格"，这一结论是我在喝意大利的阿玛瑞恩葡萄酒时得出的。虽然我们都知道阿玛瑞恩是因为一次偶然的失误诞生的，但是它的诞生一定包含着必然的因素。可以说，它是偶然与必然这一矛盾双方结合的结果。

　　每次去意大利旅行我都可以明确感受到，她是一个地域特色非常明显的国家。她的每个城市都有独具特色的建筑风格、饮食、氛围。葡萄酒也是如此。开始我并没有觉察到这些，都是把各个地方的葡萄酒大体尝一下，现在我才发现意大利是一个如此神奇的国度，她竟然可以同时出产这么多风格迥异的葡萄酒。最初喝葡萄酒的时候，我不喜欢酸度高的葡萄酒，因此很少去喝意大利的葡萄酒。别人最先给我推荐的意大利葡萄酒就是阿玛瑞恩，其实它的正式名称是阿玛瑞恩·瓦尔波利切拉，主要产自意大利东北部的威尼托地区，它的主要魅力在于丝绸般柔滑的质感以及它穿过喉咙时的甘美。由于其所处的地理位置——维罗纳，正是罗密欧与朱丽叶爱情故事的发源地，又给其增添了一层浪漫的色彩。

[照片7　维罗纳]

[照片8 阿玛瑞恩葡萄]

　　"阿玛瑞恩"这个单词在意大利语中的意思是："味道酸涩。"不知道是不是因为它属于干红系列的原因，所以在取名字的时候被理所当然地认为应该带有"酸涩"的意思。而实际上，喝过这种葡萄酒的人，一致认为它给人的感觉很甘美。在发酵甜味葡萄酒的时候，因为失误造成了发酵中断这一步骤没有实施，所以葡萄中的糖分全部转换成了酒精，"阿玛瑞恩"正是这次偶然的产物。威尼托还出产蕊恰朵瓦尔波切拉甜味葡萄酒，平时经常被称为蕊恰朵（Recioto）。使用枯藤法（appassimento）这一特殊的葡萄风干方法后，它几乎就像是干葡萄一样，将葡萄压榨到最扁，以获取高糖分，然后再进行发酵。葡萄中的糖分在发酵过程中会转化为酒精，因此为了生产出甜味葡萄酒，在发酵的过程中会中断一段时间，以留下一些未转化的糖分来增加葡萄酒的甜味。但是，一次偶然的失误，发酵过程没有中断，所有的糖分都转化成了酒精，也正是因为这次偶然才诞生了阿玛瑞恩。曾经生产蕊恰朵的葡萄酒酿造师尝了一下它的味道，因为糖分全部转化成了酒精所以味道比较酸涩，于是就为它取了"阿玛瑞恩"的名字。与一般的干红酿造过程相比，干葡萄中所含有的糖分全部转化成了酒精，因此酒精浓度平均要高出15%以上。阿玛瑞恩虽然成了威尼托干红系列的代表性品牌，但是其原材料是糖分含量较高的干葡萄，因此质感比较浓重，口感比较甘甜。在一次同学聚会时，我带去了阿玛瑞恩葡萄酒，不熟悉葡萄酒的同学说喝出了山葡萄酒的味道。

　　其实，如果我们学习了科学史就会发现，科学上很多颠覆传统的革命性理论都是偶然发现的。其中最有名的例子，就是牛顿因为被偶然掉落的苹果砸中，从而发现了万有引力定律。爱因斯坦的相对论，也是由在火车站偶然听到的观点发展而来的。但是，我研究了科学史以及阿玛瑞恩诞生的秘密后却发现，偶然与必然这一矛盾双方其实是统一存在的。本来想要酿造蕊恰朵的，结果因为失误错过了中断发酵的时间点，酿出了口感比较酸涩的失败品，这个时候酿造师完全是可以把它扔掉的。如果真是那样的话，阿玛瑞恩葡萄酒就与这个世界无缘了，同时在意大利葡萄酒史上这最为绚烂的一笔，也会永远被定格为酿酒师的失误。我一直认为，阿玛瑞恩不是偶然的产物，而是必然的发明。本应该像垃圾一样丢掉的失败品，酿酒师却发现了它的价值并使之商品化，这才是最优秀的发明家。也许是他的随机应变力和爆发力，使本是失败品的葡萄酒最终得以逆袭；也许是出于对自然的敬畏之心，使他不忍心扔掉珍贵的葡萄原浆液；也许是他拥有优秀的洞察力，一眼就看出了比蕊恰朵更优秀的商品价值。归根结底，是因为他拥有创造这一伟大发明必需的素养。发明阿玛瑞恩的那位酿酒师的名字竟然没有被记录在意大利的葡萄酒史上，令人不可思议，同时也很令人遗憾。

最近，各所大学间的竞争越发激烈，成果排名的数字化指标也成为衡量各大学竞争力的主要因素。就像新闻报道的那样，就算是大学的消费者——大学生对于大学提供的教育服务的质量不满意，只要学校做好了"排世界第几"这样的数字化排名，就可以维持住大学的社会地位了。这种状况出现的原因是以政府，以及学校为中心的经营团队迂腐的思考方式，背离了改革自身的本质。学校本应是培养人才、追求真理的摇篮，现在却变成了促进就业和论文发表的工厂。我曾不止一次地感到疑惑，是应该把此归结为无知还是没有责任感？我曾经看过一篇有关心理学的新闻报道，说一个人的人格拥有好几个范畴，大部分的人格要素要到29岁才能成长成熟，我也这样认为。这种解释简直就是为韩国社会量身定做的，韩国大部分的青少年在步入社会时都颇感不适、备受折磨，因为在小学、初中、高中过程中一直都是只注重学业，以上课和各种辅导班为主，一直到大学入学之前根本没有培养人格的机会。只有到了大学四年，才是人生中唯一遇见并开始思考青春、梦想、希望、爱情、友情、伦理、博爱、奉献、爱国等内容的时期。在这样一个重要的人格培养时期，如果不接受学校教育直接进入社会，只会成为一个连最基本的公平竞争和同人之爱都不懂的、只追求欲望和自己利益的人格不健全的人，社会上这种人比比皆是。这是从今天这个病态的社会中推论出来的，如果有人真的问起韩国的大学真的可以提供这种养分吗？我想无论是教授还是政府，抑或是学校，只要是有良心的，都会心虚地低下头。

最近发生的一连串暴力事件，以及由此引出的腐败行为，如果对此要问责的话，我想最先应该被追究的就是在社会教育一线工作的那些人吧。从大学期间去服兵役、休假回来的学生口中，以及其他复员的朋友口中经常听到这样的评价：军队其实就像职场一样。军队也是一个令人"疲惫"的社会！军队可以看作年轻人经历的第一个社会。虽然我自己没有经历过，但是也知道在军队里最先要学习的就是命令和服从。由此我认为，服兵役这一过程首先是把人定义为一个没有个性的集体中的一员。从生产性的层面来看，如果有这么一个职场的话，这个职场的生产性肯定会大幅度降低，然而是军队的话那就另当别论了。也许从某些层面上不得不这样做。军队应该是我们这个社会中唯一一个要求下级绝对服从上级、集团内部一丝不乱的地方，因为它是负责保卫国家和国民安全的地方。同学或者前辈经常深深地叹一口气并说"军队就是社会"，是因为他们不够爱国吗？不能如此断言。他们叹气的原因，是他们不得不逼着自己去适应，那些无法用爱国心去解释的不正之风、阿谀奉承，以及肤浅的目光等充斥的文化。他们所说的"军队就是社会"其实是在感叹：军队也像外面的世界一样，充满着各种矛盾。如果是一位人格健全、胸怀爱国之心的人，就应该认识到某些无异于杀人的暴行会严重妨害国家安全。如果是一位人格健全、懂得珍惜友情和同人之爱的人，就算是满腔愤怒忍无可忍，也不会选择去制订那种疯狂的计划。教育工作者们，真的能从这些年轻人初入社会就做出的这些病态的行为中免责吗？偶尔我也会从大学生或者研究生那里听到"学校就是社会"的感叹，就连帮助学生塑造人格的教育，对他们来说竟然也是各种矛盾的根据地，作为一名大学教授，我真是羞愧万分。

我在开始讨论创新性以后，为什么选择谈论人格的重要性呢？这是因为：首先，我相信人格和创新性之间是有因果关系的；其次，我认为只有提升整个社会的人格健全度，才能促进整个社会创新精神的充分发挥。下面说一下与人格相对的，暂且称为"社会格"吧。因为留学和研究活动，我曾经在国外生活了数年，曾对外国与韩国的人、文化、社会、环境做过比较。虽然我的水平较低，但这也算是我在比较人类学方面一次珍贵的经历。记不起是在哪里听过这么一个观点：对一个地方最客观的评价往往出自外国人、异乡人之口，他们对这个社会的生疏感和距离感，使他们可以自由地做出准确的判断。虽然我的对比局限于美国、英国、法国等西方国家，但这为我提供了一个可以完全跳出与韩国拥有类似文化的亚洲圈的机会，让我可以更清晰明了地领悟韩国社会与这些国家的差异。我所感受到的西方国家最大的特征就是个性强。在西方国家的大街上经常可以看到，丝毫不顾忌别人视觉、在炎热的夏天穿着毛皮大衣的人，以及在寒冷的冬天穿着半袖衬衫的人。与别人的视觉和评价相比，他们更注重自己的主体性思考和价值观。可能是与韩国完全相反的缘故，这一点给我的印象尤为深刻。每个季节都被定型化的服装、大家一窝蜂似的追逐的流行、因别人的眼光和想法轻易动摇的主体性，韩国的社会真是毫无个性。这是一个大家都争先恐后地去参加考试希望能够出人头地，争先恐后地去抢流行的名牌包，争先恐后地去争坐新型车的社会。在韩国社会，人们对那些所谓的成功人士的嫉妒尤其严重。众所周知，嫉妒的政治学在韩国社会运转得很成功。职场生活中也是如此。如果某一人展示出了比其他人更优秀的成果和才能，大家猜忌、嫉妒他，甚至还会去孤立他。就这样，别说是充分发挥创新能力了，恐怕只会像上面所说的军队问题那样，发生一些病态的极端事件。对于这些具有创新能力的人才，应该鼓掌致敬才对。一个社会只有具备了这样健全的"社会格"才会有未来，这一点应该再三强调。

为什么韩国的社会格不健全呢？这是因为韩国社会的构成人员个性不足，所有人都在追求一样的理想。拥有同样目的的人之间必然会展开激烈的竞争，某些人想要在竞争中脱颖而出，就会受不了落后的自己，就会鄙视自己。最早提出美国网上支付系统——PayPal这一构思的是彼得·蒂尔（Peter Thiel）。在他的书中论证了创新型垄断的概念，并提出了在竞争中活下去的方法不是耍心眼，而是开拓自己可以垄断的新领域。我真想把他提出的创新型垄断这一观点用来提升韩国的社会格。不要效仿别人去追求一样的理想，要发现自己固有的个性，制订可以突破自己固有生活的规划。也许别人都在追求金钱上的成功，而我却只梦想拥有一场轰动世纪的浪漫爱恋；也许别人都在排队争抢名牌包包，而我却因为在经常光顾的店里淘到了这世上独一无二的包包而感到无比幸福；也许一起学习法学的其他人都在为了能够成为法官或者律师熬夜学习、不停考试，而我虽然法学学得很差却为了能够成为一名厨师而每天不知辛苦地研究创造新料理。不要追着别人的脚步，狼狈跟跄地前行，勇于挑战前人未曾到达过的山峰的顶端精神，才是提升社会格的捷径，更是社会需要的公平竞争的基石。为了充分发挥创造力，我思考了一番提升社会格的方案，再次想起了阿玛瑞恩葡萄酒的酿酒师。本是失败的葡萄酒，却摇身一变，成了前所未闻的新型葡萄酒，而促成这一变化的正是酿酒师的创新精神。发现这种创新精神的原动力，是不是就是各个地方风格迥异、社会格很高的意大利的葡萄酒精神呢？阿玛瑞恩葡萄酒的矛盾统一说，正好印证了"创新型垄断"这一观点。

▲画作4　圣托里尼

# 第四章
## 橡木的魔法

葡萄酒酿造者们将葡萄酒放入橡木桶中进行发酵，与其说是为了单纯地增加酒的香味，倒不如说，这更像是一种对神的馈赠，以及表示感谢的神圣仪式。橡木真的给我展示过魔法。

对葡萄酒感兴趣之后，我才萌发了对大自然的热爱之情，如果一定要分类，我的性格更倾向城市化一些。办公室的花瓶我很少想着去买些花插上，偶尔收到的花束，我也会以花朵凋零让我感到很可怜为借口，表现得并不是那么喜欢。但是，我却栽种了几种像杂草一样生命力旺盛的植物，它们鲜活的生命力也在一直激励着我。恰好在手边的话，我偶尔也会闻闻它们的味道，去网上查查它们的名字。就像是发酵葡萄酒时所用的橡木，用韩语翻译过来是"橡树"或者"栎树"，但是它长什么样子我脑海中却是一片空白，这就是在城市中生长的人的悲哀。因此，就算是有困难也要给现在的孩子们多提供一些户外学习、接触大自然的机会，不要让他们像我一样糊涂。唉，无论什么事情我总是会站在教育者的角度去思考，也许这就是所谓的职业病吧。

葡萄酒带给人的愉悦之一就是，将酒杯抵在鼻端，品味葡萄酒特有的香气。感觉就像是碰到了许久未见的老朋友，同时还可以检测我的试饮能力是否有提高。这需要对世界上存在的所有事物都怀有关注和热爱之心，要把各种事物的味道深刻进脑海里。只有这样，当你遇见葡萄酒时，才能清晰地辨别出它的香味。我充分体会到了远离自然带给我的副作用——很难辨别出花朵、树木、青草等这些自然的味道。为了提升品酒师们的试饮能力，有专门把葡萄酒中含有的50余种香味集合在一起供品酒师们体验的香气盒（Aroma Kit）。与什么训练都没有相比，用这种香气盒训练是一种方法，然而最好的方法是在日常生活中用心去拥抱大自然，这样既不用刻意去做，还能节约金钱。

如果在网上搜索试听葡萄酒的试饮教程，你会发现葡萄酒中所含香味的种类多到令你无法相信。可问题是，我们本身知道的香味可以很快猜出来，但是那些生来没有闻过的香味，虽然能通过鼻子闻出来，脑海里却对不上号，真是遗憾。像堇菜花、茶藨子树、杉树的香味等平常是很少能接触到的，无法在脑海里完成储存记忆的自然的香味。如果是非常细致的葡萄酒试饮教程，一般都会非常详细地划分香气，比如说玫瑰的香味，要区分是白玫瑰的香味还是红玫瑰的香味；对柑橘系列的水果香味，也要进一步区分是橘子香、橙子香还是柠檬香。但是，在刚刚接触葡萄酒时，是不可能这样详细地区分出各种香味的。我是将类似的香味集合在一起，组合成一个类目，开始练习区分的。比如说水果，我将它们分成了绿色水果、红色水果、黑色水果、黄色热带水果这样几个大的类目。除此之外，还有草地、苔藓、泥土等地上的味道，钢铁、铁、石头等矿物类，以及杏仁、核桃、花生等坚果类等区分方法。虽然不同种类的花朵香味也不一样，但我都是把它们集中在一起，概括为"花香系列"。如果一定要给这种方法命名的话，就叫它"演绎试饮法"吧。起初以为这是我初步学习葡萄酒独自领悟出来的试饮法，后来在很多葡萄酒的相关书籍中发现，很多专业品酒师介绍的试饮法竟然与此类似。

有一次，我打开了一瓶美国的葡萄酒，接着就闻到了一股类似橡木的香味。其实，我生来并没有闻过橡木的香味，之所以这么判断，可能是闻到了上面的软木塞的缘故。后来才知道，上面的软木塞是用橡木的外皮做的，看来倒也不是没有一点关联。与以法国为中心的老牌葡萄酒相比，美国葡萄酒的一个显著特征就是强烈的橡木香味。夏敦埃酒等法国勃艮第地区原产的白葡萄酒，一般更倾向于不在橡木桶中进行发酵；相反，美国的葡萄酒，大部分都能感觉出经过了橡木桶发酵处理。通过橡木桶发酵可以得到更复杂的香味，虽然我不知道是不是因为美国的消费者都喜欢橡木的味道，但这明明是葡萄酒生产商有意为之的结果。强烈的橡木香是由好几个原因引起的：每一年都要用新的橡木桶进行储藏发酵是原因之一；美国的橡木桶比法国的橡木桶经过发酵后橡木香味更强烈也是原因之一。短则6个月，长则2年，经过在橡木桶中储藏发酵，葡萄酒中的单宁成分变得更温和；同时经过发酵，那些没有散发出来的葡萄香可以变得更成熟。

[照片9　橡木桶]

　　发酵效果好的原因是橡木的透气性。外面的空气可以透过橡木的纹理进入桶内，在氧化作用下，最初投入的发酵原液在发酵过程结束后只缩减到了一点点。葡萄酒酿造师们称得到的这很少的一点为"天使的恩赐"，发酵的过程对于它们而言有一定的神圣性。玻璃瓶发酵的概念是从橡木桶发酵的方法延伸出来的，是通过顶端的橡木塞引进空气实现氧化的过程。像澳洲等一些新大陆国家，曾经为了方便顾客，想要用螺旋玻璃瓶塞代替橡木塞，这样就会完全切断葡萄酒与空气的通道，无法实现发酵。无论再怎么方便，还是不喜欢螺旋玻璃塞，因此我曾不止一次地放弃澳洲的设拉子葡萄酒。因为这样既体会不到用开瓶器小心翼翼打开橡木塞时的激动心情，也没有了橡木塞与葡萄酒接触后留有的独特香气，甚至连葡萄酒自身那种高大优雅的范儿都消失不见了。再有，用螺旋玻璃塞的生产商，总给人一种吝啬到连一滴都不愿留给天使的感觉，所以好感也就骤然下降了。

从这个命名——天使的恩赐，我们可以看到葡萄酒酿造师们的内心。他们认为葡萄酒是从神创造的自然中获得的贵重的礼物，因此有一种负债意识，才形成了他们希望能把葡萄酒的一部分奉献给神灵的一种信念。有"葡萄酒的故乡"之称的法国，究竟有多么崇拜自然，从他们的语言里就可以窥见一二。一般我们称葡萄酒酿造师都会用酿酒师（wine-maker）这个英语单词，但在法语中却没有对应的单词。这是因为他们始终认为葡萄酒不是人类酿造产生的，而是大自然生产出来的。一个非常相似的单词是在勃艮第地区主要使用的葡萄栽培者（vineron），但是这个单词仅仅是"葡萄栽培者"的意思。相反地，法语单词"自然条件"在英语中也没有相对应的单词。由此可见，在擅长品酒却不盛产葡萄酒的英国，最终还是无法用语言表达大自然奥妙的力量。土壤、坡度、太阳、雨、风速、雾气频率、平均温度等这些综合性自然因素都可以用"terroir"这个单词来表述，对于不能像法国人一样，日常生活中随时可以通过葡萄酒的酿造过程去感受大自然的崇高的人来说，这个概念多少还是有些遥远。

　　以前我对自然的认识一直都是枯燥乏味的，接触葡萄酒后才开始慢慢地对自然多了一些关注，开始认识到大自然真是在不计回报地爱着我们，这是多么幸运的一件事啊！本来我们只能从父母那里得来的父爱、母爱，却从大自然的身上也可以得到，那是不是也可以说我们都是大自然的后代呢？不知道是不是因为这个世界本身太刻薄了，还是说这本身就是人类的道理，在我们开始脱离父母的那一刻就开始迷迷糊糊地认识到，在人际关系中没有什么是无条件的，总是存在你来我往的法则。在人类社会中唯一无条件的爱就是父母对我们的爱，现在也到了我要照顾年老的父母的时候了，不知为何我总是无比怀念小时候那个可以让我依靠的怀抱。当我意识到我竟是如此幸运，因为大自然始终为我张开了宽阔的怀抱的时候，我仿佛一下子理解了神的虚存感，理解了那些宗教人对神的信任的心情。我不信宗教，所以不能理解所谓的"神之手"对人类的帮助，但我现在越来越觉得如果真有那么一只手，那一定是大自然的手。我时常在想，我们经常说的人死后就变成土了，是不是也可以说我们最终还是回到了自然母亲的怀抱呢？不知道是不是自我安慰，有了这种想法后，对于身边人的离世我总劝自己不必太难过。我想起了以前看过的《周末夜先生》（*Mr. Saturday Night*）电影中的场景：比利·克里斯托（Billy Crystal）饰演了一位无名的喜剧人员，在一场葬礼上，他念着悼词，将陷入哀伤和悲痛的人们逗得哈哈大笑。虽然他只是一位没有得到认可的三流喜剧演员，但是他的幽默总能给悲痛的人们带来欢乐和温暖，这难道不是最顶尖的艺术吗？想着想着我竟然流泪了，我觉得，他不管是将葬礼变成了一片欢乐的海洋，还是用幽默带给悲伤的人欢乐，都是使人在不知不觉中形成了死亡都是回归自然这样一种共识。

[照片10 橡树叶]

不久前我才知道，人死后用于制作棺材的树木之一就是栎树，也就是橡树。在刚到美国留学的时候，我参加过当地学生的群体聚会。大约二十几个学生在周末的傍晚，在野外点燃篝火，围圈而坐，烤着火吃棉花糖，讲着各种段子度过周末时光。我至今还记得其中一个朋友讲的谜语，说制作的人不需要，需要的人不去做，使用的人自己却不知道。这是什么东西？坐在我旁边的一个人猜出了谜

[照片11 橡树]

底：正是葬礼上的棺材。那时它不过是一个谜语的谜底，而在不知不觉中我已经到了需要它的年纪，以及为使用的人准备它的年纪。人到中年就会发现，自己的恩师或者亲戚中的年长者一位位相继去世。虽然

庆幸我的父母都还健在，但是谁也无法预测命运，因此我偶尔也在想是时候做一些心理准备了。有时候我也会怀疑这种想法是不是为了以后让自己受到的冲击最小化而产生的，是不是很自私呢，每每想到这里都会一阵难过。按照我们社会的惯例，我已经到了为父母的健康长寿祈愿并为他们准备寿衣的年纪了，死亡也就自然而然地驻扎在了我的心里。可能是因为我在心里一直认为对葡萄酒而言橡木意味着再生，所以当我听到放置人的尸身的棺材是用橡木做的那时候，对死亡就更加看淡了。

不知道从什么时候开始，遗愿清单流行了起来，就是将自己在死亡之前一定要做的事情都记录下来。我也有一个葡萄酒遗愿清单，就是我在死亡之前想要喝的葡萄酒的清单。现在，不同的领域都会制作这种清单，已经演变成了一种市场行为。葡萄酒遗愿清单上更多的是我以前不知道的葡萄酒，以及一些人气颇高的葡萄酒，它的确使我了解了更多的葡萄酒，在这个层面上的确应该感谢它，但是它上面记录的葡萄酒并非我非常喜欢的，也就是说与我个人的喜好并无多大关联。因此，即使被称为葡萄酒专家，我也绝不会制作一个应品葡萄酒清单向别人推荐。就像神给予每个人都不一样的外貌一样，每个人的生活、足迹都千差万别。因此，每个人在死亡之前想要完成的心愿也一定是千差万别的，遗愿清单根本就没有一个正确的答案。如果一定要让我说一件死亡之前想要做的，而且别人也应该做的事情，我想一定是希望我们都能在死亡之前向一直无条件爱着我们的"自然母亲"表达我们的感谢。有时给予我们粮食，有时给予我们干净的空气，有时提供休息的场地，为我们提供了丰富多彩的生活，这就是像父母一样毫无保留地爱着我们的大自然。虽然我们破坏自然、践踏自然仿佛已成了家常便饭，更别说对自然保有感恩的心了。但是，对这群忘恩负义的子孙，大自然从来没有追究过，还是一如既往地爱着我们，每到春天就会开出美丽的花，让我们的生活更幸福。

今年的花儿开得尤其早，迎春花、金达莱、玉兰、樱花……真是百花齐放。休假的时候，与父母一起在花路上散步，年过八旬的父亲，一直嘟哝着"花儿怎么这么漂亮呢"，就像一个孩子一样，表情欢快地欣赏着花。在乡村长大，对于各种树啊，花啊，草啊，对大自然的感恩之心，父亲也许比我更加切实感受过。有时我会突然觉得，一位上了年纪的老人会变得越发像个孩子，也许是因为距离回归自然母亲怀抱的日子更近了。我也会想，是不是他觉得总有一天他会离开，会把我托付给自然，所以提前对自然表示感谢呢。父母与子女之间的间隙，我和父母之间也存在，然而此刻看着赏花的年迈的父亲，都烟消云散了，这是大自然给予我的又一礼物吧。或许这也是橡木带给我的"魔法"呢。

# 第五章

## 朗格多克与眼泪

▲ 画作5　卡琳·洛菲

　　并不是所有美丽的东西都能带给人感动，但是能让人感动的东西一定是美丽的。这是最早回归大自然的朗格多克葡萄酒给我的启示。我总是对新的希望激动不已，甚至都有去画一幅画的冲动。

　　在我脑海中关于法国南部地区的画面，都是在温暖的阳光下，一望无际的田野，以及田野上开得正热闹的向日葵。这也许是因为受到梵·高的画的影响，他在阿维尼翁待过很长时间。也可能是因为以普罗旺斯为中心的电影或者照片里面展示

[照片12　法国南部]

的、被商业化的法国南部的风景就是这样的。虽然是出产自风景秀丽的地方，但当我喝到法国南部的葡萄酒时，特别是朗格多克地区的葡萄酒时，却会感觉到有一种很朴素的、野生的大自然气息扑面而来。虽然不够简练，但可以说是大自然的个性完全被保留到葡萄酒里面了。当然这是我在对朗格多克葡萄酒没有任何了解和信息储备的状态下说的话。与波尔多、勃艮第这两大经典款葡萄酒不同，对朗格多克葡萄酒的相关信息并不是很多，也可能是因为知名度相对来说比较低，还未踏入固定的旧模式里。因此，接触它时没有任何先入为主的偏见，我的感官给出的信息就是我对朗格多克葡萄酒最真实、最准确的感觉。

　　卡伦·麦克尼尔（Karen MacNeil）在《葡萄酒圣经》（*Wine Bible*）

这本书中讲过，仅从面积上来看，朗格多克地区是法国国内最大的葡萄种植基地，朗格多克对此也颇引以为傲。即便如此，却因为市场不景气，最初走的是散装便宜葡萄酒的路线。据说给参加第二次世界大战的法国士兵提供的便宜葡萄酒，就是朗格多克地区生产的。20世纪80年代，在几个葡萄酒酿造厂联合展开葡萄酒商业改革之前，完全找不到像波尔多和勃艮第葡萄酒这样拥有自己个性的葡萄酒。直到1990年，朗格多克葡萄酒进行了改革创新，才成为现在能和罗纳地区相抗衡的、法国南部代表性的高端葡萄酒品牌。从地理位置来看，朗格多克地区毗邻地中海，西邻比利牛斯山脉和西班牙，不仅仅是气候和自然环境带有典型的地中海特征，而且在文化方面也混合了西班牙的文化特点，如喜欢斗牛。代表性的红葡萄酒是地中海品种歌海娜（Grenache），在西班牙又被称为Garnacha。主要种植的葡萄品种是在罗纳地区广泛种植的西拉和幕尔伟德，以及佳丽酿。当然也种植波尔多地区的卡伯纳-苏维翁和墨尔乐等品种，但是朗格多克的门面还是被简称为GSM（歌海娜、西拉、幕尔伟德）的地中海品种。

[照片13　比利牛斯山脉]

[照片14 朗格多克]

[照片15　朗格多克葡萄园]

在没有先入为主偏见的情况下，我接触到了朗格多克葡萄酒，感受到其野生的自然魅力后，我便开始寻找相关的酿酒厂家。自然主义是朗格多克最具代表性的厂家一致强调的特征。朗格多克最大的特征就是将自然的特征最大限度地保留，尽量原封不动地融入葡萄酒里面。可能正是因为这样，关于这个地区生产的葡萄酒在试饮过程中，最多的评价是说这款葡萄酒"能够让人明显地感受到泥土、草地、苔藓等朴实的大地气息"，也有很多人评价说能够感觉到青柠、迷迭香等草本香味。在葡萄的酿酒过程中多使用有机方法，甚至在种植过程中有很多地方彻底拒绝使用化学肥料。评价葡萄酒品质的基准之一就是finish，也被称作aftertaste，就是葡萄酒穿过喉咙时所留下的回味感觉能够持续多久。一般来说，回味越强烈，持续时间越长，葡萄酒的品质也就越好。在法国用一个专门的时间单位——caudalie来测量葡萄酒的回味时长。如果把caudalie看作一秒的话，好的葡萄酒能维持7～8秒的时间。但是，有名的葡萄酒评论家罗伯特·帕克（Robert Parker）说过，他自己喝过的葡萄酒余味持续时间有能达到30 caudalie的，也有的葡萄酒爱好者说，好的葡萄酒余味可持续到第二天。事实上，从狭义的感官来感觉，余味超过7～8秒已经很难得，但如果从人类的长期记忆来看，可能真的能持续一天甚至几天。我就曾有类似的经历，以前喝过焦糖香味很浓的美国葡萄酒，余味就持续了好几天，感觉就像是葡萄酒杯一直放在我鼻子的下方，特有的香味不断地向我袭来。朗格多克地区的自然主义葡萄酒在余味方面尤其有魅力。与其说是特有的香气太强烈以至于余味一直持续，倒不如说是特有的野生自然性太有魅力，在我的心间久久挥之不去。

美术史学者詹姆斯·埃尔金斯（James Elkins）曾写过一本名为《绘画与眼泪》（*Pictures & Tears*）的书，并给这本书加了一个"在画前流过眼泪的人们的故事"的副标题。大约六七年前，在一个大型书店里浏览书时，我偶然发现了这本题目和副标题都很吸引人的书，当即买了下来。画从未带给我那么大的感动，大学时期作为专业的美术史学习也被我放弃了，我竟然不知不觉地就拿起了这本书。真的有人会在画前流泪吗？如果有的话，是什么原因让他们这么感动呢？我至今都记得当时各种想法不断交替的画面。为什么人们看到画，受到感动，却不流泪呢？带着这个问题，Elkins登报寻找那些曾因某一幅画流过眼泪的人。而意外的是，有400多人来信说自己曾经有过这样的经历。这本书就是以收到的信为基础，站在人文学的角度解释，画的哪些因素会带给观众感动并让他们流泪。虽然作者没有提出明确的易于理解的观点，多少让我有点失望，但是这本书的内容却足以勾起我对画的一些想法，一些回忆。在读这本书的时候，我不停地问自己："哪些作家曾经给我留下了深刻的印象呢？"马蒂斯、塞尚、梵·高、高更、毕加索等印象主义画家的画从我脑中一晃而过，但是却没有印象特别深刻的，隐隐约约地又想起来一名画家——美国女画家格鲁吉亚·奥基夫（Georgia O'Keeffe）。我突然回想起，我曾观看过她在美国华盛顿特区的美术馆的画展，当时她的那幅关于纽约的画，一下子抓住了我的心。

奥基夫的画的特点是，把大部分像花这样的自然要素真实地展示出来，就像是在显微镜下看到的一样。关于纽约的那幅画，多少有些脱离奥基夫的这种客观主义，但是却一下子抓住了我的眼球，因为它原原本本呈现了我从帝国大厦往下看的时候所感受到的纽约。当时我站在高处往下看纽约的时候就曾这样想过，如果有一天我要画纽约，一定用白色的底和黄色的点来构造这幅画。我当时看到的纽约就是黄色的点慢慢移动的样子，因此才会想到运用几何抽象的方式来展示它的样子。画旁边的走廊上写着奥基夫曾经说过的话，"没有人能把纽约原封不动地画出来，我也只是按照自己的感觉画出来罢了"，这也正好道出了我的心声。这幅画在我脑海里久久不能忘怀。最近这段时间，我又开始画画了，作为一个业余爱好者，奥基夫说过的这句话就像《圣经》一样对我意义重大。这句话深入我的骨髓，以至于有时候我都分不清这是奥基夫说过的话还是我自己臆造的话。我不是很喜欢超现实主义的画，当然这仅仅是我自己的喜好，并没有抬高或贬低的意思，因为它们都完全排除了作者自己的感觉。我始终认为，对于所绘内容有着作者自己的感觉和分析的画，才是有充沛的生命力的画。等我日后对画的喜欢更深一层以后，如果见到富有生命力的画，可能会感动到泪流满面。

这么看来，我在奥基夫的画前驻足的原因就只能用"共鸣"来解释了。虽然大家因为画流泪的情况很少，但是一般都有过因为电影、电视剧、音乐流泪的经历。仔细想来，这大概就是因为共鸣刺激了泪腺吧。只有产生共鸣，才会融入感情，才会对创作的这些虚构的东西有现实的感觉，并产生感情共鸣。但是，如果拿电影、电视剧、音乐与画进行对比就会发现：前者是有故事的，后者却只能用符号和象征来吸引人。作为单纯的平面视觉媒介的画，很难通过它呈现出能够诱导感情变化、情节跌宕起伏的故事。当然也有想在平面框架中展现故事的超现实主义画家的作品，但是由于故事的展示平台仅仅是平面媒介的画，因此很少有人会被感动。和画一样用符号或者象征传达的视觉信息，最终都会通过眼睛传到我们的大脑，但是却离泪腺太远，真是遗憾。就像Elkins的书中所说，世界上有很多人因画流过泪，但是究竟从画中得到了什么感动才会流泪呢？看来，这个疑问我得慢慢地去想了。

给Elkins写信的读者中，有人说，虽然自己也不知道为什么，有时会觉得自己仿佛经历过画中的美丽，这时就会很感动。但是，Elkins却另有主张，他认为，当你看到一幅画说它很美时，其实就是对这幅画没什么特别感觉。画本来就是美的，只有当你觉得这幅画并没有什么出彩之处时，才会用最平淡的评价说，这幅画很美。我对这个主张十分有同感。就像电视上料理节目的嘉宾，品尝过食物之后，最忌讳的评论就是说"很好吃"，是同一个道理。这是多么没有特征和个性的评价，换句话说就是料理并没有什么特别之处，只能一贯地说美味。从一定的层面上来讲，他们所夸奖的画的漂亮，并不是真的因为这幅画很漂亮很令人感动，只是因为不知该怎么形容而使用的感叹词罢了。这种情况，不是因为画的美感引起感动，而是因为没有其他的表达途径，所以习惯性地使用"很美"这样的说法。也可能是因为，到目前为止我还没有被某一事物的美感动到流泪过，所以不觉得美本身会引起多么大的感情共鸣。我认为，也许我们对美本身到底是什么这个问题都还未达成共识。

几年前开始画画的时候，有一段时间我曾一度陷入苦闷。我参加了一个由绘画业余爱好者组成的社团，他们都是追求美的画家，一致强烈主张：绘画就一定要表现得美丽一些。记得有一次，我想画一艘破船上的船员，他们竟一致感到很诧异，他们一致的反应是这个对象太不美好了。如果是现在，偶尔去参加个人赛，我肯定会按照自己的想法画下去，但当时是刚刚开始学画画，由于周边这些反应，我还是失去了信心。虽然我内心觉得把破船上的老船员通过画展现出来，给他人带去感动，这本身就是画所追求的美，但是由于当时没有主见，最终还是没有在展示会上把这幅画展示出来。以至于后来在很长一段时间里，"绘画到底应该追求什么样的美"这个问题一直萦绕在我的脑海里。

艾伦·辛克曼（Ellen Sinkman），是一名精神分析学者，也是心理医师。他在《美的心理》（*Psychology of Beauty*）这本书中说道，人类对美的追求的欲望，是伴随着人类的存在就一直存在的，有时候也会成为追求更健康的自我的动力。同时，也论述了有人追求病态的美，是因为幼儿时期发育的缺陷，或者是形成了自恋型性格障碍。通过确认自己的外貌来形成认同感是人类的本能，所以自古以来，镜子在自我认同感的形成中功不可没。在一个人很小的时候，母亲就起到镜子的作用，当从母亲的眼神和表情中得不到充分的肯定时，就会产生缺陷。不管是什么原因，只要形成了自恋型性格障碍，就会执着于自己的外貌，要么去整形，要么就过分地装扮自己。所谓的自恋型性格障碍就是在我们常说的自恋症的基础上形成的，对自己的外貌和能力有过高的评价，对此还不断地苛求周边的认可。在这种情况下，如果忍受不了自我主观认识和客观认识的背离，就会变得有暴力倾向，甚至会去追求病态的美。

希腊神话中关于讲述自恋和美的意识的故事大家都耳熟能详了，甚至连纳西索斯的名字都成了自恋的代名词。但是，希望大家也关注辛克曼的著作中的另一人物皮格马利翁的故事。皮格马利翁本是一位厌恶凡间女子的雕刻家，但他却雕刻了一位非常美丽的女雕像，并给其取名为加勒蒂亚，女神阿佛洛狄忒知道后异常感动，于是赋予了雕塑生命。这个故事的结局和纳西索斯的结局截然相反，这点倒是引起了我的注意。两者的共同点都是对美的追求，但前者最终以死亡告终，而后者却和有了生命力的自己的作品结出了爱的果实。我不是精神分析学者，对于辛克曼的论述不知道有没有准确的理解，所以我也不知道把纳西索斯和皮格马利翁进行对比是否合适。但是，用多少有些幼稚的公式比较法来看，纳西索斯完全没有皮格马利翁为了克服自恋情结所具有的意志、热情和创造力，以及对自己作品的喜爱之情；反而极端地执着于自己在水中的倒影，当知道水中的面孔是自己之后，他开始悲观地自残。Sinkman 提到过在希腊神话中水一般象征着母亲，从这一点可以推断出他没能够克服恋母情结。

如果把皮格马利翁的情形硬套到别人身上，并不是全都适用的。比如，自己也想找到能够把自己变得像加勒蒂亚一样美丽的皮格马利翁，于是不断从外部寻找，这种情况就是追求病态的美。如果对外貌过分执着，要么就会不分青红皂白地购买美容产品，要么就是依赖能改变外貌的整形医术。当然，我不是完全否定现代医学的发展；相反，我非常感谢能够治疗先天性的身体障碍或由于事故造成的后天性的畸形的整形医学的发展。如果整形之后，能够恢复对自己外貌的自信，并能体验到很多附带的效果，这也要归功于现代医学的发展。但是，如果整形的动力是想通过自己的外貌来吸引周围的视线，或者为了寻找能够让自己变得像加勒蒂亚一样美丽的皮格马利翁，我很担心这样下去对整形的欲望会一发不可收拾。人类总归都会慢慢老去，想要一辈子都留住自己人生中最美的时刻是不可能的。对自己的外貌执着，想得到周围人们的肯定，不断地幻想着找到皮格马利翁，这就属于整形"中毒"了，对此我很忧虑。

符号学家安伯托·艾柯（Umberto Eco）所著的《美的历史》（*Storia Della Bellezza*）一书中，通过古代遗迹遗物的照片，展现了丑陋如何被美丽的表象表现出来。实际上，美的基准根据国家和时代的变化，也是不断变化的。过去曾被认为很美的东西，现在看来也许会觉得很诡异；相反，过去被认为很丑的东西，现在也许会觉得很美。这样的情况也不在少数。Sinkman 感叹至今没有发现美的真正面貌，为了追寻美的本来面貌，他决定先从接触丑陋开始。在漫长的人生中，他通过自身体验得出了一个哲学道理，那就是：看起来隔得很远，处于两个极端的东西，根据情况的不同，有时也会像硬币的正反面一样隔得很近。从讨论美的这个角度来说，丑的一面，也许就在离美最近的地方。丑是一种自卑感，也是追求美的原动力。不要只顾寻找创造外在美的皮格马利翁，只要自己的内心拥有创造加勒蒂亚的热情，就终能创造出属于自己的健康的美，也可以说是能展现自己的个性美、自然美。显然，这样的成熟美才是可以感动美的女神阿佛洛狄忒的耀眼的美。

并不是所有美丽的东西都能带给人感动，但能让人感动的东西都是美丽的。画被称为折射人类社会美的镜子，我也曾不断地探究过美。喝着朗格多克葡萄酒，感受着葡萄酒完全真实的自然美，我得出了自己的结论。在20世纪80年代之前，朗格多克葡萄酒不被关注的原因，就是没有自己的风格和特点。就像电影和话剧一样，如果舞台上的演员没有把应该表现出来的人物形象凸显出来，那么也就失去了这个人物的存在价值。如果朗格多克把波尔多和勃艮第的葡萄酒当作自己的模仿对象，追求某种已经被定性的葡萄酒的美的话，那就绝对不会迎来今天的鼎盛期。朗格多克真正的革新是把自然原封不动地呈现到葡萄酒里面，展示最真实的自己。这种精神让它的形象迅速鲜活起来，成为备受关注的一款葡萄酒。品尝时，它所带给我的感动，让我得出了"朗格多克葡萄酒拥有最原始的美"这一结论，甚至让我产生了带着希望重新站到画布面前的想法。总有一天，我要画出能带给人们感动，并且能让这种感动持续好几天的余味十足的画，在有生之年我一定要实现这个愿望。

▲美杜莎

# 第六章

## 浪漫喜剧的故乡——纳帕

▲ 画作6　海狸庄园

幸福人生的秘诀取决于我们自己的内心。是不是放下欲望，在追求纯粹的价值时，人生就会发生反转，遇见美好的结局呢？我真心希望这不是美国葡萄酒的甜腻带给我的幻觉。

刚开始接触葡萄酒的时候，我经常会被专业品酒师的试饮课程吓到。我会不停地问自己，为什么他们能够辨别出那么多种类的香味，而我就做不到呢？脱离出追求香味识别这一层面，当我们喝下葡萄酒时会迫切地希望立即得到"嗯，味道还不错"这样的反应；如果没能得到这样的反应，比起责怪葡萄酒，我们往往更多的是责怪自己本身的迟钝。如果是给自己喝还好一些，可问题是跟其他人一起聚会的时候，该拿什么样的葡萄酒去才会让他们感到满意呢？我曾经不止一次在葡萄酒店里急得满头大汗。我的经验是，带着美国的葡萄酒去参加聚会很少会失误。在韩国社会中，美国葡萄酒相对而言人气更高一些，我们可以从以下几方面进行说明：首先，美国葡萄酒不会给人一种很难品的感觉，就算是不经常喝葡萄酒的人也能很容易地品出它的一些特定的性格。其次，如果一定要互相比较，可以说法国葡萄酒就像一部晦涩的艺术电影，而美国葡萄酒就像是一部搞笑的大众化的商业电影，这样说可能更容易理解。当然在美国的葡萄酒里，像膜拜级葡萄酒、精品葡萄酒等价格高昂的葡萄酒比比皆是，而我却用大众化来形容它，未免让人觉得有些不恰当。在这里，我先声明：我所做的这些评价都是脱离价格和品质层面，单纯地从葡萄酒给人的一般感觉层面进行的。

为什么美国葡萄酒会给人一种大众化的感觉呢？一些葡萄酒专家都是从强度和均衡的层面来做解释的。而美国葡萄酒专家韦斯·马绍

（Wes Marshal）认为，与老牌葡萄酒相比，美国生产的葡萄酒独特的香味强度很强，这在一定程度上打破了构成葡萄酒的整体要素之间的均衡。就算没有打破这种均衡，它特有的香味总是能一下子破瓶而出，不经常喝葡萄酒的人也能一下子捕捉到它的特征。这种破瓶而出的香味大多是糖果味、巧克力味、香草味等比较甜腻的味道，因此，美国葡萄酒虽然标榜是干红系列，但是很多人都说它带着一丝甜甜的味道，风格比较综合立体。

专门学习葡萄酒后我才知道，美国的葡萄酒产地不只加利福尼亚、华盛顿、俄勒冈等西部地区，纽约、新泽西、弗吉尼亚、得克萨斯等很多州都种植葡萄，生产葡萄酒。美国宽广的内陆地区，因气候、土壤等自然环境的差别，主要种植的葡萄品种也不一样。假如纽约的气候与德国相似，可以看作美国国内的"雷司令"。同样地，日照充足、炎热的得克萨斯就可以看成是翻版的葡萄牙。从美国大陆各个州的自然环境中，可以找出欧洲各国terroir的影子。如若考虑天气和土壤等因素，像加利福尼亚这样自然条件得天独厚的地区还是很少的。以哥伦比亚谷为中心的华盛顿州，因其温暖而且温差大等自然条件能够提升葡萄酒的整体水平，最近备受青睐，但是美国的招牌性葡萄酒主要还是出产于加利福尼亚的纳帕地区。从门多西诺和塞拉利昂山麓开始，途经纳帕，连接索诺马县和卡内罗斯，最终一直到以种植面积最广而自豪的中央山谷，90%以上的美国葡萄酒都出自加利福尼亚地区。

美国地图

[照片16 加利福尼亚]

[照片17　纳帕]

与欧洲人相比，葡萄酒对于美国人并不是那么具有大众性、普遍性的。根据《葡萄酒圣经》调查结果显示，1988年，11%的美国人口消费了88%的美国葡萄酒，也就是说在美国葡萄酒消费主要集中在一小部分人。直到后来，葡萄酒对健康的好处广为人知，而且葡萄酒产业的大众化也正式普及以后，葡萄酒才成为除了软性饮料以外，喝得最多的饮品。虽然葡萄酒拥有如此高的人气是近几年的事情，但加利福尼亚州葡萄酒的生产历史要追溯到18世纪初期。据说，当时从墨西哥移民过来的西班牙开拓者和弗朗西斯科的会员们，就已经开始为了酿造葡萄酒而开垦葡萄种植园了。葡萄酒酿造厂活跃起来的第二个契机是1849年在内华达山脉（Nevada Sierra）发现了金矿。所谓的"淘金热"兴起以后，那些慕名而来的淘金者，大部分在金矿枯竭后就在加利福尼亚定居了，并开始种植葡萄。与此同时，在几名欧洲国家移民者的带领下，一直到19世纪80年代，加利福尼亚的葡萄酒产业盛极一时。但是，全盛期仅仅维持了很短的时间，之后由于根瘤蚜病虫害、禁酒令、世界大战、经济大萧条等原因，葡萄酒产业进入了原地踏步的状态。

19世纪后半期，欧洲开始大面积地发生病虫害。之后，法国的葡萄酒制造商就移居到了以美国为中心的新世界，美国的葡萄酒又迎来了跳跃式的发展契机。根瘤蚜虽然只是尘螨类的病虫害，但是它改写了葡萄酒界的整个历史。这虽然成为促进葡萄酒新世界发展的一个契机，但是也成为代替葡萄酒的啤酒产业兴盛的原因。最先经历了病虫害的美国，特别是纽约州有些葡萄品种已经对病虫害形成了抵抗力。当整个欧洲病虫害肆虐的时候，能让欧洲葡萄存活下来的方法就是把欧洲的葡萄酒制造商带来的欧洲葡萄品种嫁接在抵抗力强的美国葡萄品种上。由于病虫害只伤害葡萄根部，所以就把欧洲的葡萄品种嫁接到了美国抵抗力强的葡萄根部之上。这种竖直接到一起的方法被称为嫁接。实际上，开垦新葡萄园种植葡萄，并不是撒葡萄种子，而是通过嫁接的方法种植葡萄。正是通过这种方法，法国的原产品种被传播到了美国，最终法国也保留住了自己的品种。当时，为了对抗病虫害，也使用过把美国的品种和欧洲的品种水平结合到一起创立新品种的方法。

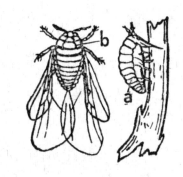

[照片18 根瘤蚜]

由于禁酒令和经济大萧条的影响处于原地踏步的美国葡萄酒产业，在20世纪70年代借助巴黎的葡萄酒试饮大赛战胜了波尔多葡萄酒，借此契机站到了世界葡萄酒产业的中心位置。法国的干红葡萄酒向来是以卡伯纳-苏维翁和墨尔乐等波尔多品种为首，以西拉、黑皮诺等为基础。美国正是靠着试饮大赛的胜利与法国并驾齐驱，但是美国固有的品种仙黛粉葡萄酒才是能让美国人感到自豪和热爱的招牌葡萄酒。它最早的起源据说在克罗地亚，根据DNA的分析来看，和意大利普利亚地区的普里米蒂沃品种具有同样的基因构造，仙黛粉葡萄酒这种特有的复杂性特征成就了其黏稠的口感。由于一束葡萄枝上的葡萄成熟的速度不同，到收获的季节，熟得好的和熟得不大好的葡萄都有，因此才产生了如此复杂的口感。事实上，让我沉浸到葡萄酒世界的那款葡萄酒里面就混合了一半以上的仙黛粉葡萄酒。品尝过世界各地的葡萄酒，而红色的仙黛粉葡萄酒总能给人一种青涩的初恋般的感觉。

艺术电影和商业电影最明确的区别，应当就是是否含有浪漫的故事情节。特别是美国融入了其独有的机智和幽默，将男女间的浪漫故事有节奏感地铺陈展开，开创了独一无二的浪漫喜剧领域。我那时记住的第一部美国浪漫喜剧电影，是我参加大学讲师应聘考试结束后上映的当《哈利碰上莎莉》（*When Harry Met Sally*）。在我的记忆中，这部电影好像是描述了男女之间的友情及浪漫爱情，主人公的角色与演员的演技配合得恰到好处，给人的感觉就像是吃了柠檬蛋糕一样清爽。再加上以小哈利·康尼克（Harry Connick Jr.）为首的爵士歌手们的音乐，与纽约的景致完全融为一体。男女主人公所提出的疑问，"到底男女之间会有纯粹的友情吗，有的话可以一直持续下去吗"风靡一时，就连没看过电影的人也是耳熟能详，更是成为青少年的谈话素材。

其后几年上映的让我印象深刻的电影《西雅图夜未眠》（*Sleepless In Seattle*）里，最吸引我的地方是电台广播。不知道是不是因为当时正好开始关注大众传媒的原因，把广播电台构思成主人公沟通媒介的电影情节，说实话并不是多么特别，但是依然让人觉得很有吸引力。在广阔的美国大陆上，主人公一个住在最西端一个住在最东端，他们之间的联系媒介就是广播电台，虽然现在网络上这种情节已经司空见惯，而且与《电子情书》（*You've Got Mail*）的构思情节是一样的，但是比较起来，前者的意义更大一些。

20世纪90年代时，我20多岁。2000年的时候，我30岁，更成熟了一层，这时碰到的电影正是《真爱至上》（*Love Actually*）。即使现在让我选择一部我最喜欢的浪漫喜剧电影，我还是会毫不犹豫地选择它。以英国为背景的电影，还有几年前上映的《诺丁山》（*Notting Hill*）。《真爱至上》是我在英国学习博士课程时，一次偶然的机会进入电影院看到的，去之前并不知道有关它的任何信息，因此这部电影留给我的印象更加深刻。将几个爱情故事穿插在一起的《真爱至上》是一部唯美的浪漫爱情电影，里面的每一个爱情故事都很纯洁，让人不由地会想道：其实，普通人的生活本身就是电影。我一直认为一部电影是否能够成功，最终取决于故事本身是否吸引人，而不是电影的舞台、照明、演员等其他条件，这部电影再次印证了我这一想法的正确性。

后来，在长达十年的浪漫喜剧发展过程中，在我心里再也没有能超越《真爱至上》的作品了。一次非常偶然的机会，我看到了这部电影，时间与我被聘为大学教授的时间大致吻合。十年大学教授的生活就像是这十年间的浪漫喜剧，我没有得到任何提升。记忆中我还看过浪漫喜剧大师伍迪·艾伦（Woody Allen）导演的一部以纽约为背景的电影，以及一部以巴黎为背景的相似的短篇组合形式的电影，但是都没有给我留下什么印象，我甚至都没能记住它们的名字。倒也不能说是因为这十年中演员的演技下降了或者剧本内容不好，只能说明我在这个冷漠的社会待得太久了。在这个忙碌的社会待得久了，慢慢地我的感情越来越贫乏，虽然大体上能记住看过的电影，但是电影的主题、场面、故事情节都记不住了。我甚至还愚蠢地想，一个人的记忆不是储存在脑海里的，而是储存在心脏里的。

一个人要想与电影产生共鸣，那他就要敞开心扉，接受电影带来的感动。如果心门被关上了，不管是一部多么感人的浪漫电影，也很难在他心里留下任何痕迹。从这个意义上来说，那些大众化的、人气高的电影，都是能很容易抓住观众内心的电影。美国浪漫喜剧的哪个场景最能够轻易打开观众的心门呢？我发现，所有的电影都有一个共同点：它们的结局都比较欢快。从一个比较广义的范畴来看，情节剧可以看作一个浪漫喜剧或者喜剧的一个章节，而且它们的结局都是比较美好的，这倒也并不是什么新的发现。毕竟电影都是虚构的，而观众又都喜欢追求浪漫的幻想，与悲伤的结局相比，幸福的结尾总能让人感到更幸福。或许，这一常识正是美国浪漫喜剧吸引大众人气的原因吧。

但是，我的内心并非一直都是轻松愉悦的。就像是没能利落地把所有作业都做完的模范生的心情一样，我心里有个疙瘩。虽然记不起具体时间了，但是真有一次，为了看一部喜剧电影我专门去了电影院。这大概正是人生中的巧合吧。那一次，偶然在票房排行榜上搜出了一部名叫《编剧情缘》（Rewrite）的浪漫喜剧电影，韩国翻译为"Happy Ending"。原题目其实与happy ending没有任何关系，但是既然这么翻译，那是不是真的就是一部结局美好的浪漫喜剧呢，因此我更是加快脚步走进了电影院。美国的浪漫喜剧靠着美好的结局吸引大众人气，但是这部电影却没有给人一种这样轻松愉快的感觉，而是让我又切切实实地接受了一遍"有志者事竟成"的教育。与以前看过的电影相比，它虽然没有什么号召力，但是看了《编剧情缘》我却得出了答案：所谓的happy ending并不一定真的是happy ending。

一位曾经在好莱坞红极一时，后来却无人认可的过气剧作家，为了结束自己游手好闲的生活，迫不得已去了纽约州北部一个小山村一所很小的大学里做了一名教师。虽然才能很突出，但是他一直认为靠教育不能飞黄腾达，再加上他的生活中并没有积极的正能量，因此他一直过得比较颓废。后来，靠着一位在学校遇见的女人，以及学生的鼓励，他慢慢地打开了自己的心扉，也发现了教书的价值。他终于收到了自己一直盼望的好莱坞的邀请。再次成功的瞬间，他想起了在生活中给予他积极、肯定的鼓励，让他重新振作起来的那个女人，直接谢绝了好莱坞对他抛出的橄榄枝，回到了那个女人的身边，过上了新的生活。这并不是一个严格意义上的happy ending，而是放下自己拥有的财富、荣誉，以及人生的巨大成功，单纯地去追求爱情的价值，是人生的大反转。在浪漫和喜剧两者结合在一起的电影中，我们一般都仅仅关注爱情的主题，而忽视了喜剧这一主题。迄今为止，在我所看过的浪漫喜剧中，剧中的人物之所以最后都能赢得美好的结局，是因为他们放下了内心的欲望和戾气，转而去追求爱情纯粹的价值。放下内心的欲望，去追求纯粹的价值，这就是美国的浪漫喜剧为我们展示的人生的反转。由此可见，happy ending正是打开大众的心门，引起观众共鸣的主要原因，我终于像是完成了所有作业一样，露出了自信的微笑。

曾经看过一篇采访，采访的是一家著名酒庄的庄主。据他讲，雇用一名酿酒师后并不会让他马上就去酿酒，而是给他最少3年的时间去积累历史、哲学、文学等人文素养，直到觉得他可以称得上是一名人文领域"专家"的时候，才会允许他酿酒。虽然并不是所有的葡萄酒生产商都会这么做，但是我完全赞同他所讲的"一个酿酒师的生活哲学会反映在他酿的酒中"这一道理。美国的葡萄酒在韩国等许多国家人气很高，原因就像美国好莱坞电影能够吸引我们一样，因为它总是给我们展示梦寐以求的理想生活。美国葡萄酒之所以给我们那么甜腻的感觉，可能就是因为追求纯粹价值的朴素的happy ending精神在里面吧。不知道是不是巧合，好莱坞竟然也位于加利福尼亚，这也从侧面印证了我的"美国葡萄酒反映了浪漫喜剧电影的精神"这一观点。

当然，美国的现实也会展示出资本社会悲惨的一面。《推销员之死》（*Death of a Salesman*）等小说就反映了美国现实中悲惨的一面。

有不少人批判美国的浪漫喜剧不现实。也许正因为现实并不总是令人满意，才让人更加憧憬美国的浪漫喜剧所追求的纯粹的价值。19世纪中期，从淘金者们定居并开始种植葡萄开始，他们就已经悟出放下欲望，去追求纯粹的价值这一生活哲学了。他们的初衷本是追求巨大财富的，然而在目睹了金矿枯竭的事实，经历了生活的无法预测之后，幡然醒悟追求纯粹的价值就是追求幸福，这也许是加利福尼亚的葡萄酒祖师们最先悟出的生活哲学吧。在这里，我们还要关注另一个事实。20世纪60年代到70年代，加利福尼亚的葡萄酒因为畅销而吸引了大批人加入，这其中有银行家、企业家、教授、律师、医生等各行各业的人。其原因是，欧洲的葡萄酒产业一般都是代代相传的家族产业，由一些葡萄酒专家领导着，与此不同，在加利福尼亚拥有稳定职业的从业者们，在经历了资本主义的无法预测之后，更希望能够从自然中享受浪漫的人生。我认为，放下生活的肯定主义、财富，以及荣誉等欲望，追求纯粹的价值的happy ending精神，通过加利福尼亚的葡萄酒生产商的真诚酿在了葡萄酒里。由此我联想到，在美国的葡萄酒里能够感受到感动的韩国人，也许正是在努力克服欲望，渴望追求人生的happy ending呢。通过放弃荣誉来得到荣誉的happy ending的反转，也许在你碰撞葡萄酒杯的时候就体会到了。有了这一想法之后，我决定将仓库里堆积的浪漫喜剧电影的磁带一一珍藏在我的陈列柜中。

# 第七章

## 冬季仙境——黑皮诺

▲ 画作7 尼科尔1

优雅的、性感的，仿佛下一秒就会被打破的柔弱黑皮诺(Pinot Noir)足以引起我的怜悯之心。但是，我的怜悯之心逐渐变成了我对外部世界的态度。我决定对世人敞开心扉，去体验一次冬季仙境。

[照片19　勃艮第葡萄园]

小时候，如果有人问我是讨厌冬天还是讨厌夏天，我一定会毫不犹豫地回答：我讨厌冬天。即使是现在，我依然这么想。虽然没有比飘扬的白色雪花更浪漫的了，但这只是暂时的。如果你在结冰的路上滑倒过，或者熬夜去清理过车上的积雪，相信这种浪漫马上就会消失殆尽。小时候讨厌冬天的理由更单纯，可能是性格的缘故，我对人的表情特别敏感。有一次走在大街上，我发现人们都是紧锁双眉，没有了往日朝气蓬勃的笑容，弓着背弯着腰走在大街上，额头眉眼周围满是紧锁的皱纹。我知道他们不是在对我皱眉，也许是因为街上的氛围，总之我觉得很压抑，内心很不舒服。也许，等到我的情绪不受周围氛围影响的时候，我就可以以一个积极的心态去接受冬天了。这个季节的圣诞节还是比较吸引我的，虽然没有现在的这些当季的水果和谷物，但是有烤地瓜，有橘子，还有蒸包。这么一想，整个冬天心里都是热腾腾的。如果有人问我黑皮诺葡萄酒怎么样，我一定会毫不犹豫地告诉他：这是一款像冬天一样的葡萄酒。实际上，直到现在，我喝的黑皮诺葡萄酒都没有给我一种很愉快的感觉。在我最初接触葡萄酒的时候，就将它列入非常不喜欢的葡萄酒那一栏。在我试饮了这么多地方的葡萄酒以后，不知道是不是治学的热情打开了我的葡萄酒世界，我试着最大限度地排除对葡萄酒的偏见，完全打开心扉去接受所有品种的葡萄酒，以这种学习的姿态去对待黑皮诺葡萄酒。

黑皮诺与波尔多是法国两大支柱型代表性葡萄酒品牌，也是勃艮第地区的代表性葡萄酒品牌。开拓出葡萄酒新世界以后，无论是种植面积还是产量，美国、澳大利亚、新西兰、南非等地区均超过了它的原产地勃艮第，但是黑皮诺的顶峰还是在勃艮第，这种认识从未改变过。就我的葡萄酒喜好来说，更偏向于波尔多一些，但是很多葡萄酒爱好者都喜欢黑皮诺，它是全世界公认的最贵、最有魅力的葡萄酒。卡伦·麦克尼尔曾经这样描写它，"喝一杯黑皮诺葡萄酒，就好像是陷入了爱情一样性感迷人"，称它是独一无二的葡萄酒品牌。但是也有人说，喝黑皮诺葡萄酒，就像是赌博。它虽然很出名，但也有很多令人失望的时候，每当喝到品质不好的勃艮第葡萄酒时，我的心情都会很郁闷。因此，我也时常会想，我对黑皮诺始终不太喜欢的原因，不仅仅是我自己主观上的原因。

[照片20 黑皮诺]

通常，历史学家们都把中世纪的欧洲称为黑暗的时代，但是单看勃艮第的情况，可以说葡萄酒的历史是由中世纪的修道僧创造的。基于重视自然条件的传统，修道僧将气候、土壤以及其他自然条件，经过密切观察后记录下来，流传给后世，这些内容也越来越精细。据说，在法国建立称号（Appellation）体系之前的中世纪时代，本尼迪克特（Benedict）修道士和西尔特（Siot）修道士就已经给勃艮第的葡萄园和葡萄酒划分了等级。甚至同一个葡萄园里出产的葡萄，都会根据品质被划分为三个等级：斜坡最下端的葡萄所酿的葡萄酒是给修道士喝的；斜坡中间的葡萄所酿的葡萄酒是给国王喝的；斜坡最顶端的葡萄所酿的葡萄酒是进贡给教皇喝的。像这样重视自然条件的传统，在勃艮第地区的葡萄酒生产中数不胜数。在这里，我们可以看出葡萄园所构造出的一个比较奇异的特点：勃艮第地区的葡萄园不是根据所有者来区分的，而是根据自然条件来划分的；美国的葡萄园，就算是葡萄园里的自然条件有所差异，但只要是属于同一个所有者，就会被看作是一个葡萄园，葡萄园是根据法定所有权划分的；而勃艮第地区的葡萄园，却是根据几个世纪之前的修道士们按照自然条件的划分标准来区分的。因此，在美国被看作一个葡萄园，而在勃艮第地区就可能会根据自然条件的不同被划分成十几个葡萄园。一般情况下，在勃艮第地区，无论多小的葡萄园，都会拥有好几个所有者。

根据自然条件的不同划分葡萄园的方法被称为Domaine，勃艮第的Domaine与波尔多的Chateau有很大的差别。Chateau是美国式的概念，与以所有权为基础划分领土的概念类似，一个Chateau会完成从葡萄的种植开始，到发酵、成熟、入瓶等葡萄酒酿造的所有步骤。勃艮第的Domaine与此无法相比，首先面积上要小得多，甚至只有几株葡萄树，而且Domaine主要是葡萄种植区域的意思，发酵和入瓶等其余的葡萄酒生产步骤被称为Négotiant，这个词很多时候也有葡萄酒商人的意思。葡萄酒商人从葡萄园主那里购进葡萄原液，进行混合发酵后，贴上自己的品牌进行销售。到了20世纪60年代，Domaine的葡萄园主们直接连葡萄酒入瓶也一并完成了，然后贴上Domaine的品牌进行销售。葡萄原液的供给量骤减，陷入困境的葡萄酒商人们只得自己开始种植葡萄。但是，除了几位有名的葡萄酒商人生产的Négotiant以外，一般来说，对Négotiant葡萄酒的评价比对Domaine葡萄酒的评价要低一些。

重视自然条件的传统，不仅在葡萄园的等级划分中体现出来，而且在葡萄酒的酿造过程中也体现了出来。与波尔多相比，勃艮第的Domaine葡萄酒最显著的特征是不经过复合混用。一个葡萄园可能分属于几个不同的所有者，因此，一般情况下，一名葡萄园主会在某个村子里拥有好几处葡萄园。在不同的Domaine里收获的葡萄，即使都是黑皮诺品种，也不会混用，这是勃艮第的传统。原因正是勃艮第的葡萄园主所信奉的，要把自然条件尽量原封不动地呈现在葡萄酒中这一葡萄酒哲学。Domaine葡萄园希望特定区域的自然条件特征都能够完整地通过葡萄酒展示出来。即便如此，很多人都曾有过对勃艮第的黑皮诺很失望的经历，这是因为勃艮第的自然条件和黑皮诺的品种特征不是很搭。法国北部的天气比较凉爽，对于葡萄园主来说最大的担心是葡萄成熟得不好，尤其是对葡萄收获时间的把控更成为他们最伤脑筋的事情。勃艮第地区秋天下雨比较多，如果葡萄摘得早，会因为没有充分成熟而不能酿出好酒；如果摘得太晚，又会因为下雨造成很大损失。因此，大部分都是提前采摘。勃艮第地区的葡萄酒酿造过程中，人为添加糖分是被法律允许的，这是因为提前采摘的葡萄没有完全成熟，不能完全散发出香气，只能通过添加砂糖的办法来改善。当然，品质好的葡萄是不需要加糖的。

　　发酵和过滤是最容易出问题的步骤。美国几乎每年都要用新制作的橡木桶来进行发酵，以便使葡萄酒的味道更醇厚，并且在发酵的过程中还可以散发出花朵的香味引出橡木的香味。勃艮第则与之相反，很少会每年都用新的橡木桶，不仅如此，就连过滤葡萄酒渣滓这一步骤都经常省略。然而，黑皮诺葡萄酒在新桶的使用和过滤上却要求很严格，因为这是一款非常脆弱的葡萄酒，稍不注意就会丢掉它本身固有的香气，所以需要极度小心。由于很少能生产出特别好的勃艮第黑皮诺葡萄酒，因此它的售价一直奇高无比，也正因为如此，很少有人能买到价格与质量相匹配的黑皮诺葡萄酒。

　　埃里克·埃里克森（Erik Erikson）在《儿童和社会》（*Childhood and Society*）一书中阐述的观点是：自我就是在本我（Id）和超自我（Super Ego）之间维持均衡，维持自己内心的秩序，调整自身的行动，追求与现实之间和谐的内部构造。如果读过弗洛伊德的心理学著作，你就会明白：所谓的本我，就是以人的本能表现出来的人类精神的最本源的领域。心理学学者以及精神分析学学者都认为，本能是人类过度的愿望，也就是与欲望连接起来了；而超自我，是指道德、伦理、价值观等社会要求的良心层面的内容，起到约束本我作用的所有制约个人内心的要素总和。虽然本我和超自我通常被理解为是相互冲突的两个方面，但是从政治性的矛盾以及其他人类历史层面来看，超自我有时候反而是盲目的、残忍的。Erikson也认为，超自我与人类本能的、原始的自我区分，很多时候并不是很明确的。事实上，个人与社会总是在不停地相互作用。虽然没有生活在原始社会，没有办法去确认当时的状况，没有经历过最原始形态的人类生活，所以不能百分之百确信，但是就现在来看，被我们称为欲望的综合本能与其单纯地把它看作个人内心自发形成的内容，也许还不如说是社会成员自己给自己身上附加的东西。追求物质的财富和社会的权利一般都会被称为人类的欲望，然而这到底是人类的本能在作祟还是超自我在作祟，却没有一个明确的答案。同样，被称为良心综合体的超自我，虽然说是通过社会附加给个人的，但也不能完全排除有起源于个人内心的这种情况。如果对纯粹爱情的追求能称为社会性的价值观，那这应该说是内化了的超自我呢，还是起源于个人内心的本能呢？

但是，我真正要关心的既不是本能，也不是超自我，而是自我本身。根据一些心理学学者的观点，可以把人类的自我比喻成跷跷板，它能调节人类欲望和良心之间的冲突，维持两者平衡，从而调节个人与社会的冲突，实现两者和谐。一些自我比较薄弱的人，有时候本能会无意识地主宰他们的意识，也有时候他们会失去自己的正体性，被超自我的压迫性机制支配。社会环境就像天气一样无法预测，在这个就像谁也不知道下一秒是会发洪水，会海啸，还是会干旱的无法预测的天气一样的社会环境中，只有自我比较健康、比较强硬的人，才能很好地调节自身的本能和超自我，从而实现自身与外部的和谐。强硬的自我会有坚实的防御机制。Erikson曾引用过安娜·弗洛伊德的话进行说明，健康的自我会利用自己的防御机制消除不安，将本能转化成满足感和成就感，使本能、自我、外部力量三者之间达成均衡。也就是说，拥有强硬、健康的自我的人，会形成坚实的防御机制，不会被本能和外部力量所动摇，从而能够维持均衡，成为一个协调的人。

不知道是不是因为我是一名学者，同时还担当着教育学生的教师这一社会职责的原因，每当遇到解释人类本质的心理学理论时，我总是会去想它的解决对策。怎样才能形成比较健康的自我呢？学者们用数百年的时间商讨研究的课题，我怎么可能一下子就能想出方案来呢。提出这样的疑问，也是一种暗示，暗示我的超自我意识稍微更强烈了一些。我在决定扔掉假面进行真诚坦率的独白之后，又下定决心要从社会性的职位和角色附加给我的超自我意识中摆脱出来。至少不愿意让人们觉得我很虚伪，同时我也明白，我是为了自身的需要，去努力寻找形成健康自我的对策，并不是为了教育其他人。如果这个社会的每个人都在提升自我，我坚信整个社会会更成熟，也就不会像现在这样充斥着各种矛盾和不和谐因素。我已经走过了一段不短的人生路，也见过了不少的人，在这个过程中，我经常运用自己朴素的心理学知识去更好地理解他人。在我所见过的人中，经常会有毫无顾忌地对他人做出一些攻击性言行的人，或者自暴自弃封闭自己、满心都是自卑感的人。他们的行为使他们自己好像是随时都会碎掉的薄玻璃膜一样脆弱，他们这种扭曲的行为暴露了他们对外界防御性的态度。通过他们我甚至曾经想过，如果把人所拥有的这种自卑感转换或者升华成动力，这会不会是形成坚强自我的一种方法呢？自卑感相对较弱的人，应对压力的能力更强，能够更好地调节健全的社会活动以及创新型的业余活动之间的关系，这使我更加确信克服自卑感是形成健康自我的捷径。

我独自喝着散发出优雅香气的黑皮诺时，一方面能够感觉到它的优雅和性感；另一方面却总是感受不到平静、安定的感觉，就像是长满刺的玫瑰，总让人觉得不敢靠近，给人一种孤芳自赏的感觉。虽然这是一个非常高级的品种，并且生产过程中需要投入极大的关心和精力，但是这不仅没有让我体会到它的珍稀价值，反而使其在我心里的魅力减弱了。因为它总是让我联想起自己比较脆弱，和外部世界断绝联系，一个人孤独生活。就连葡萄酒专家也不确定黑皮诺葡萄酒是否有坚强的一面，这种茫然的感觉可能与我对它的怜悯是一样的吧，从这个品种所在地区的特定气候来看，这个主张也不是完全没有道理。法国勃艮第变化无常的天气，足以让人感受到葡萄收获季的特征，除了勃艮第之外，唯---个因黑皮诺而出名的美国俄勒冈州，气候条件其实也不是特别适合葡萄种植。日照量不足，葡萄很难成熟，尤其是每年40英尺（注：1英尺=0.3048米）的降水量，这么高的降水量在春天和秋天葡萄最脆弱的时候，对它们来说是很大的威胁；而且气候每年都在不断地变化，这一点对葡萄种植者也是很大的压力。

黑皮诺竟是在这么不利的气候条件下种植的，这一事实充分刺激了我的好奇心。为什么在加利福尼亚地区那么好的气候条件下种植的黑皮诺反而没有这么有名呢？为什么葡萄酒生产商，不去日照条件更充足、降水量更合适、每年的气候变化没有那么显著的地区种植黑皮诺，以获得更大的利益呢？这个问题有一部分原因是因为葡萄酒的市场销售规律。越是在气候条件恶劣的地区，偶尔一次气候条件比较好时收获的葡萄，才会拥有更高的附加值。正是受到这一市场规律的影响，才会出现上述情况。然而，从非专业的经济学知识来看，稀少价值对资本利益的贡献并不大，从这一点来看，还是没有解开这个疑问。答案恐怕只能去法国葡萄酒哲学——"葡萄酒不是靠人制造的，而是自然的恩赐"里面找了。既然一时解不开这个疑问，那就暂且放一下吧。

[照片21　圣诞树]

　　一次，偶然搜索美国俄勒冈州什么东西比较有名，才知道除了黑皮诺葡萄酒以外，薄荷茶、黑啤酒以及树莓、黑莓等莓果类都很有名。其中最吸引人的是圣诞树，俄勒冈州是生产圣诞树最多的一个州。对于黑皮诺的评价可能有些过于学术化了，弱化了感觉的作用，但是自从对黑皮诺敞开心扉以后，它在我心里的形象的确变了。本来让我觉得是一款像冬天一样的葡萄酒，现在却觉得像是冬季仙境一样，可以带给人无穷无尽的可能性和惊喜的一款葡萄酒。曾经只让我感到冰冷的一款葡萄酒，现在却给我一种圣诞颂歌的感觉，这在我敞开心扉之前是从未料到的。这么看来，我曾经对黑皮诺孤独清高的评价可能仅仅是我自己的感觉，并非真实的。如果说健康的自我，是在与他人的相互磨合作用中形成的，那么，一个心门紧锁的人更应该对他人打开心扉，这样他一定会感受到意料不到的惊喜，就像冬季仙境。

▲画作8　伊斯坦布尔

# 第八章

## 西西里岛的两面性

西西里岛位于埃特纳火山，这是一个常常被当作古代神话背景的地方，即便经历了岁月的变迁，西西里岛带给游客的感觉却始终如一，游客对它的称赞是平和、宁静。这里出产的葡萄酒也自然而然地带着上述的两面性。细读它的历史就会发现，两面性是西西里岛的人们保存自己民族性很有智慧的想法。

[照片22 西西里岛风景]

西西里岛因为是黑手党的发源地而广为人知，现在它越来越受到游客的青睐。1861年被意大利统一后，南北矛盾不断深化。农业基础落后的南部既是产业化发展迅速的北部的产品消费市场，又为其提供廉价的劳动力。与干净、发达的意大利北部城市不同，意大利南部城市多有盗窃、犯罪等现象，然而西西里岛却在这样一群南部城市中脱颖而出。西西里岛不仅是地中海最大的岛，而且在葡萄酒生产方面，更是因拥有意大利最大的葡萄种植面积而引以为豪。卡伦·麦克尼尔称，历史上这个地区的葡萄种植从古希腊时期就已声名鹊起，罗马帝国时代被称为马梅尔定的甜味葡萄酒，曾一度受到以尤利乌斯·恺撒（Jules César）为首的统治阶级的专宠。既然说到了甜味葡萄酒，就再提一点。西西里岛最具代表性的是一款叫作马沙拉的葡萄酒，作为一款甜味葡萄酒，它对促进意大利尤其是西西里岛地区甜品文化的发展立下了汗马功劳。据说，当时在英国雪莉、波特等酒精强化型的甜味葡萄酒已经大获成功，有个英国商人觉得有必要发明一种新品种去代替法国葡萄酒，于是在18世纪的时候发明了马沙拉葡萄酒。虽然发明的初衷是一款高级葡萄酒，但在相当长的一段时间内，这款葡萄酒却像散装葡萄酒一样被大量生产，尤其是在甜品文化比较发达的地区，或者游客经常试饮的地区。

最早由中国人发明，后由阿拉伯人传到西西里岛的冰沙，是西西里岛冰激凌的起源。巴斯蒂安尼奇（Bastianich）和林奇（Lynch）认为，意大利语中被称为格拉图（Gelato）的冰激凌侧面反映出了西西里岛的甜品文化，而且在西西里岛的甜品文化中到处都充满阿拉伯文化的影子，想要撇开阿拉伯文化单独讨论西西里岛文化几乎是不可能的。在约翰·科赫（John Keahey）所著的《探寻西西里岛》（*Seeking Sicily*）一书中有这么一句话，如果要追溯西西里岛传统继承下来的民俗文学的主人公起源，一定能从阿拉伯民俗文学中找到相同的人物角色。从9世纪开始就被穆斯林统治的西西里岛文化中，随处可见阿拉伯文化的影子。意大利半岛东南部的普利亚地区，曾是十二三世纪因为反抗被驱逐的西西里岛籍阿拉伯人的主要定居地。阿拉伯文化甚至跨过整个西西里岛，影响足迹遍布整个意大利半岛。西西里岛文化不仅表面脱离了意大利半岛，而且西西里岛人的内心思想也脱离了意大利半岛，拥有自己的独立性。Keahey称，西西里岛居民很少有自己是意大利人的归属感，更多的是自己是西西里岛人的独立正体性。就连地理位置，他们都认为自己是属于非洲北部的，而不是位于意大利南部。

[照片23 埃特纳火山]

Keahey直接采访的西西里岛人，可能是因为经历过好几个民族的殖民统治，内心的不安感非常强烈。这种不安感也可以看成是骄傲感和傲慢感，有时在这之上还平添了不信任和悲观主义。像这样前后不一的态度，西西里岛一位土著居民总结说："这就是西西里岛的两面性。"西西里岛人非常开放，同时又非常封闭。这可以用长年的殖民统治和岛屿这一地理条件来解释。遭受侵略的时候，因为是在岛上，没有可逃亡的地方，为了生存，为了从侵略者那里得到好处，无奈的西西里岛人只有表面上变得很开放。但同时，为了保护自身正体性，内心深处的封闭性反而越来越强烈。这样的两面性是因为自身的自卑感在作祟吗？在西西里岛，如果评价一个人是双向型人格，就是指没有原则，根据环境的变化不断转换态度的人。一般情况下，除了会称这些人是机会主义者或伪善者以外，还会说他们是双向型人格。像这样用双重标准去评价一个人，也可以看出他们的自卑情结。西西里岛人的这种两面性也可以比喻成埃特纳火山。欧洲最大的火山——埃特纳火山，虽然表面看起来很漂亮而且土壤肥沃，但它却随时都有可能夺走人们的生命。也就是说，温柔亲切的背面有可能是攻击性，甜蜜和攻击性、甜味和酸味都有可能在同一事物中共存。两面性是西西里岛人与意大利人非常不同的一点，也是与其他国家的人不同的地方。当然，这是与其他没有被侵略过的岛国相比较得出的结论。

西西里岛人如果不想在孤岛上过着孤立的生活，就必须与大陆和半岛的居民进行交流。无论是强制性的侵略还是合作性的交流，他们都需要好好思考是排斥还是接纳其他民族的文化，为了适应岛国这一不利的地理环境，形成了这种两面性的民族正体性。也就是说，他们在保存民族性和追求经济利益两方面，成功地做到了同时兼备。海岛的这种地理条件，再加上从古代就经历的不断遭受侵略的殖民地历史，然而西西里岛却成功维持着把意大利半岛都排除在外的自身正体性，这都是得益于西西里岛人民的智慧和贤明。

事实上，我决定讨论意大利的两面性这个话题，是因为西西里岛的葡萄酒文化所展示的两面性。除了以马沙拉为中心的甜品葡萄酒以外，西西里岛的葡萄酒核心不是本土品种而是外国品种。西西里岛为了保存开发自己的本土葡萄酒并使之市场化，战略上首先形成了以起源于法国波尔多地区的卡伯纳-苏维翁和墨尔乐等国际品牌为核心的葡萄酒产业。先生产国际知名度已经很高的葡萄酒，等西西里岛的葡萄酒形象提升以后，再着重培养本土葡萄酒产业。以国际品种开始的葡萄酒产业不断发展的同时，自然而然也就促成了本土葡萄酒产业的革新。我突然意识到：西西里岛人是多么有智慧的一个民族啊！承受着外族的侵略，为了生存不得不开放门户，同时西西里岛人的内心和灵魂深处一直珍藏着民族正体性，这种智慧一直深刻烙印在他们的脑海里。

实际上，无论是称之为双重性还是两面性，都带有一些否定意义的色彩在里面，虽然也有人称之为机会主义，但是西西里岛人所展示出来的两面性，更应该解释为融通性甚至是贤明智慧，或者解释为他们在追求名利双收方面不可否认的坚韧，也可以说是因为根植于文化多元性的耿直。细品西西里岛的文化就会发现，它不仅是国际品牌与本土品牌共存的两面性，就是在本土品牌中也有两面性的影子。例如，以产量而自豪的本土品牌黑达沃拉（NERO D'AVOLA），常有人评价说，它就像是意大利半岛西北部皮埃蒙特（Piemonte）地区的巴贝拉（Barbera）。但是它不仅让我想起巴贝拉，甚至还会给我一种波尔多的力量感。与此相反，一款叫作玛斯卡斯奈莱洛（Nerello Mascalese）的本土品牌葡萄酒，被很多葡萄酒爱好者称为"西西里岛的黑皮诺"，大家一致评价其口感轻快，香气优雅弥漫。一个地区的本土葡萄酒同时拥有波尔多和黑皮诺两者的香气，这是一件多么难得的事情！但是回头一想就会发现，这才像西西里岛人的风格，这才是理所当然的啊。

我们都知道有个成语叫"他山之石"。西西里岛所遭受的外侵及其被奴役历史让我不由得想起了韩国。回望韩国的历史不难发现，韩国也是一直在抵抗外侵的斗争中艰难存活，最终还是造成了南北分裂这样令人遗憾的结局。从朝鲜时代开始，就有因外敌入侵导致的派别纷争；而后又因日本的殖民统治导致的冷战、对立，甚至是南北分裂。重温韩国历史，从古代到近现代，满满地充斥着派别之争和分裂斗争，令人心痛不已。面对外敌的入侵，整个民族不是团结一致对外，而是丝毫没有融通性和包容性，只注重意识形态的分别，使当时的国民们在一个被内战包围的黑暗时代里艰苦生存，让人看尽了笑话。注重民族性的一派被刻上"国粹主义"的烙印，主张开放性的一派又担起了"事大主义"的骂名，两者之间的矛盾从未解决，一直相互对立、互不让步。更令人心痛的是，直到现在我们都不确定是否已经完全走出了那段黑暗的岁月。

很久之前，我就在想，如果一位外国文学者想写一本分析韩国民族性的书，他会如何描写？有时我也会想，韩国人自己内心保有的韩国民族性或者说是民族的正体性到底是什么？很多外国人倾向于受固有思维模式的影响，就算指出了韩国的民族性，视角也是不准确的。我担心他们没有完全把握住韩国人各个层面的感受。暂且不说是不是外国人过于受固定思维模式的影响，我真心希望我们国家的每一个人，都能把民族性深藏于内心和灵魂中，能让外国人明确地感受到我们民族的正体性。这种民族正体性的深化，绝不仅仅是通过排斥外国文化所能得到的，而是努力维持好开放性与民族性之间的平衡，从有包容力、有融通性、有意义的两面性中获得的。现在我们需要这样一种思维模式，既不是"事大主义"，也不是"国粹主义"，而是要在保存民族的正体性上吸收外国的文化，并作为促进自己国家文化发展的催化剂。

在种植葡萄的时候，从发芽到收获的过程中，有一个被称为开始成熟（veraison）的时期，是指葡萄颜色由青转黑开始成熟的时候。从这个时间点开始，糖分和酸度的曲线走向慢慢发生变化。糖分在不断地上升，酸度则在不断地下降。如果将这一时期糖分和酸度的变化用坐标表示出来，就会看到两条曲线有一个相交的点，这个相交的点就是平衡点（equilibrium），也就是糖分和酸度达到均衡的时刻。刚接触葡萄酒的时候，从未想过在同一款葡萄酒中甜味和酸味可以共存，一直以为两者是此消彼长、互不相容的关系。如果甜味提升，相对地酸味就会下降；在甜味比较强的葡萄酒中，甚至都感觉不到有酸味。我在翻阅了一些专业性的葡萄酒书籍后，才知道在很多葡萄酒中，甜味与酸味都是可以共存的，甚至可以说这是很普遍的事情。当我意识到西西里岛人的正体性，其实就是为我们展示了甜味与酸味共存的两面性时，我突然想起了以前在葡萄酒酿造学课程上，学习的葡萄的veraison时期就是糖分和酸度不断趋向平衡的过程。对于西西里岛人来说，民族性和开放性不是互不相容、完全对立的，而是可以实现两者之间的平衡的。从这一点来看，正是葡萄慢慢成熟过程中的veraison时期。遗憾的是韩国给我们的感觉，民族性和开放性两者互不相容、完全对立的关系。强调民族性，开放性就会变弱；相反，主张开放性，民族性就会丧失。两者始终做不到双赢，就像是一局一定要分出胜负的游戏。我以一位国民的身份，强烈希望我们能尽快走出这段最黑暗的时期，进入veraison 时期。

# 第九章
## 皮亚佐拉的探戈，马尔贝克相伴

　　我特别喜欢马尔贝克（Malbec）所展示出来的阿根廷人对艺术的热爱。皮亚佐拉和马尔贝克的背景，是全体阿根廷国民坚实的后盾。

　　运输工具的发展，直接改写了葡萄酒的整个发展史。16世纪就开始种植葡萄的阿根廷，直到19世纪铁路兴起后才迎来葡萄酒产业的繁盛期。连接葡萄酒产地门多萨和首都布宜诺斯艾利斯的铁路修建以后，葡萄酒可以在三天之内到达，而且还不会变质。消费者终于可以以低廉的价格喝到高品质的葡萄酒了。在铁路修建之前，门多萨就实施了许多战略性的政策，以促进葡萄酒产业的发展。例如，减免葡萄种植者的税金以及大力接纳意大利、西班牙籍有葡萄种植经验的移民等。因此，20世纪初，70%以上的葡萄酒酿造厂，都是由对欧洲的葡萄酒文化比较熟悉的移民运营的。当时，在阿根廷葡萄酒被看作减肥饮料时，既被看作卡路里的来源，又可以代替不怎么好喝的水。因此，葡萄酒一跃成为消费量仅次于面包和肉的第三大消费品。50年代以后，迎来了葡萄酒热潮。据说在70年代，平均每人每年的葡萄酒消费量竟然多达90升。到了80年代，随着政府负债和通货膨胀等经济危机的到来，葡萄酒产业也受到重创。就连阿根廷人最喜欢喝的马尔贝克葡萄酒，人气都骤然下降，于是生产商们都转而去生产白葡萄酒中品质不好但价格低廉的品种。90年代，卡洛斯·梅内姆（Carlos Menem）总统实行经济改革后，阿根廷的经济得以复苏，人们的生活水平也得到提高。同时，政府积极鼓励外国人对阿根廷葡萄酒产业进行投资。阿根廷国内的葡萄酒酿造厂都去聘请国际有名的顾问，根据他们的建议经营自己的酒庄，而这些有名的顾问们也会根据自己的喜好，积极投资或者收购某些葡萄酒酿造厂。

## MENDOZA
ARGENTINA MAP

## 门多萨地图

资料来源：http://image.baidu.com/search/detail?ct=503316480&z=0&ipn=d&word=门多萨地图&step_word=&pn=28&spn=0&di=16691435530&pi=&rn=1&tn=baiduimagedetail&is=&istype=2&ie=utf−8&oe=utf−8&in=&cl=2&lm=−1&st=−1&cs=3938242101%2C3066247791&os=3926531767%2C4479049&simid=4283757011%2C753708809&adpicid=0&ln=1986&fr=&fmq=1457567321452_R&fm=&ic=0&s=undefined&se=&sme=&tab=0&width=&height=&face=undefined&ist=&jit=&cg=&bdtype=0&oriquery=&objurl=http%3A%2F%2Fwww.chinawine.org.cn%2Fnewsimages%2Fimage%2FArgentinaWineMap.jpg&fromurl=ippr_z2C%24qAzdH3FAzdH3Fooo_z%26e3Bvitgwotgj_z%26e3B562_z%26e3BvgAzdH3Fp6w1jgjofAzdH3Fw6jwSi5o_z%26e3Bwfrx%3Ft1%3Ddd&gsm=0.

[照片24　马尔贝克]

　　一直被阿根廷人认为是法式葡萄酒，从而人气颇高的马尔贝克，据说不过是匈牙利的移民者用自己的名字命名、在法国种植的葡萄。在波尔多成为葡萄酒中心产地之前，法国西南部的卡奥尔地区作为葡萄酒产地，名声反而更大一些，据说这个地区是最早种植马尔贝克葡萄的地区。18世纪后，波尔多渐渐成为葡萄酒中心产地，马尔贝克也在这一地区开始种植。受20世纪初根瘤蚜病虫害的影响，这一品种几乎灭绝，据说马尔贝克葡萄酒现在只占到波尔多葡萄酒1%的比重。相反，葡萄酒产业并不十分发达的阿根廷，决定促进法式葡萄酒产业的发展，在19世纪中期聘请了法国农业经营学者，开始移植、栽培法国的葡萄品种。特别是位于安第斯山脉脚下一个斜坡上的门多萨，马尔贝克品种生长得尤其好，因此备受阿根廷人的喜爱，现在已经成为阿根廷的代表性品牌。法索利诺（Fasolino）曾在一本书中介绍说，在美国的加利福尼亚州曾经也有很多地区种植马尔贝克这一品种，只是禁酒令施行以后，为了种植其他利润较高的果树，而把葡萄树都拔了，因此也就灭绝了。再加上果皮太薄，成熟得太快，对抗病虫害和疾病的能力太弱等缺点，掩盖了它的实际价值，即使后来禁酒令取消了，这些地区也主要是种植对气候适应能力较强的品种，在美国也就没有了马尔贝克的立足之地。

果实呈现深紫色的马尔贝克有一个非常显著的特征，就是果皮很薄。单纯的果皮薄倒也不是什么特殊的地方，特殊的是它完全拥有果皮较厚品种的一些特征：丰富的单宁酸和浓重的质感以及男性化的力量感。用Fasolino的话来说，会让人联想起骑着马放牧的牧童。但是无论在哪里种植，它都会出现很多问题。如果天气过于湿润，就容易生霉斑，而且会成熟得很快，只要稍一错过收获日期，就会熟得太过，酿的葡萄酒口感就很一般。如果结的果实太多，而且又没有通过剪枝适当控制生产量，它复合型的口感会下降，所酿的葡萄酒口感就会比较轻薄。即便如此，在阿根廷干燥的气候条件下，该品种抗霉斑和病虫害的能力得到了显著提高，再加上通过剪枝等控制好其产量，与没有发现它的价值的美国不同，这个如同男人一般有力量的品种最终成长为阿根廷的代表性品牌。

在了解马尔贝克葡萄酒之前，我对阿根廷形象的认识就是探戈以及一些有名艺术家，比起知识更倾向于感性方面。大部分的南美国家虽然在经济发展上有些落后，但是却很注重艺术和文化的享受及内心的憧憬和向往，这其中尤以阿根廷更甚。不知哪位旅行家说过，在古巴和阿根廷的街道上，无论哪个人看起来都像是艺术家。2009年，阿根廷和乌拉圭的提案通过，探戈被联合国列为人类非物质文化遗产。探戈曾经受到欧洲和非洲文化的影响，据说是在布宜诺斯艾利斯的下层阶级区域，以意大利为首的欧洲移民者，根据乌拉圭的黑人奴隶之间流传的一种叫甘东贝（Candombe）的歌舞改编而成的。本来是被看成廉价品的街头艺术，现在却被认证为人类应该保护的文化遗产，这本身就是一场艺术的革命。因为对霉斑和病虫害抵抗能力太弱，甚至被美国人遗弃的马尔贝克，阿根廷人却发现了它的价值并精心培育，使其成为现在葡萄酒爱好者都非常喜爱的一个品种。阿根廷人的这种慧眼，甚至是先见之明，在这两件事情上得到了完美演绎。一件作品要想成为完整的艺术，就需要用户也就是观众的品位和共鸣。无论是美术作品还是音乐作品，尤其是优秀的艺术作品，往往得不到当代观众的喜爱，反而是后代才能认识到它的价值，这种甚至就像定律一样的兴亡史，真是令人万分遗憾。越是优秀的艺术作品，越会用一种创新精神，跳出当代一般化的艺术倾向，然而想要打破观众所拥有的社会文化习惯，让他们重新认识并接纳新的潮流，并不是一件容易的事。像梵·高的《星夜》以及伊戈尔·菲德洛维奇·斯特拉文斯基（Igor Fedorovitch Stravinsky）的交响曲等，在当时都没有受到什么关注，我真是忍不住想要谴责当时的观众。但是转念一想，当时那么不受重视的作品，能够得以保存下来并在后代展现光彩，也算是幸运了。在被马尔贝克代替之前的很长一段时间里，我一直认为探戈就是阿根廷形象的代表，探戈在促进我理解艺术价值是如何体现出来这方面，起到了很大的启迪作用。

小时候，我对于探戈音乐的认识只停留在像假面舞会（La Cumparsita）一样有力量的舞曲。也许是因为父母经常在家里用黑胶唱片（LP）盘播放，我耳濡目染的缘故。成人以后，让我深深痴迷于探戈魅力中的音乐家正是阿根廷的探戈大师阿斯特（Astor）。他超越了所有被刻在盘里的探戈的惯性，我甚至想：这还是探戈吗？是否应该把它称为探戈的升级版呢？我认为它算是音乐的一个新领域了。虽然有人说皮亚佐拉的探戈带给人一种古典音乐的氛围，是优雅、高尚的探戈，我却认为，它让我感受到更多的是自由奔放的爵士音乐的热情，而不是定型化的古典音乐的旋律。如果说10岁是我通过学校的教育学习古典音乐的时候，那么20岁就是我陶醉于爵士音乐的兴致和热情中的时候。虽然现在手法已经很生疏了，拿我唯一能演奏的乐器钢琴来举例，我既喜欢肖邦一样给人一种甜丝丝的轻快感觉的比尔·伊文思（Bill Evans），也喜欢把爵士音乐的大众性和艺术性很好地调和在一起的奥斯卡·彼得森（Oscar Peterson）。不论是白人爵士音乐还是黑人爵士音乐我都很喜欢，因此我对音乐有了一些感性的认识。有时像奇克·考瑞阿（Chick Corea）等拉丁爵士音乐也会刺激到被封存在我正体性中的艺术敏感性。让我对爵士音乐的欣赏达到顶峰的钢琴家是塞隆尼斯·蒙克（Thelonious Monk）。一次在西雅图旅行时，我偶然淘到了三张CD，其中一张收录了Monk作品，直到现在这张CD仍是我所有唱片中最宝贵的一张。与接受了正式的古典音乐教育，而后又蜕变为爵士音乐家的白人相比，很多黑人都是生长在经济环境比较恶劣的地区，很少有正式接受过古典教育的黑人音乐家。因此，他们爵士音乐的根基，都是能够折射出黑人心里独特的恨等情绪的灵歌以及布鲁斯，或者是带有特殊的非洲节奏。黑人奴隶把自己所遭受的压迫，通过音乐释放出来，哪怕只有一瞬间。Monk在黑人爵士乐的基础上又向前迈了一大步，人们给他的音乐取了一个单独的名字叫修道士风格（Monkish Style）。他用自己独特的风格去解析爵士音乐的特性——即兴创作，并把它蜕变成一种全新的体裁。他突出的创新性带给我的震撼，甚至到了让我在了解Monk以后对其他爵士音乐都失去了兴趣的程度。我甚至怀疑，从此不会出现能超越Monk的爵士乐的音乐家。然而在我30岁时，正是皮亚佐拉探戈，让我继Monk之后重新爱上了爵士音乐。

我一直认为，形成一个国家艺术融通性最主要的要素就是普通人也能享受。不去深究是追求高品质艺术性的高雅文化（high culture）还是重视普遍性大众化的低俗文化（low culture），纯粹根据自己的喜好，对自己喜欢的作品坦诚相见，这种态度让我羡慕至极。我们之所以缺失这种敞开享受的态度，是因为我们就连学习音乐都要先接受所谓的精英式的填鸭教育。对我们大部分国民来说，贝多芬是用脑子记住的而不是用耳朵，我们都能记住贝多芬的国籍，却无法用耳朵区分出他的交响曲。这种不注重创新只注重知识积累、不注重内在只注重外在的教育，使我们内心里鄙视从事艺术的人，甚至称他们为"戏子"。很多时候，艺术仅仅成为知识阶层和富有阶层提升教养的素材。几年前，我举办过一次个人画展，当时我特别担心来观看画展的人大部分都是门外汉，根本不懂得欣赏。这不是在故作姿态而是我内心最真实的想法，我真心希望他们不是用脑子来欣赏这些画，而是纯粹用心去品读。之所以这么想，也许因为我是一名业余画家的缘故。说实话，我心里一直很纠结，一个没接受过正规绘画教育的人，到底有什么资格办画展？每次想到这里，我都会进行自我催眠说艺术是没有高低贵贱之分的，虽然有点虚伪，但是只有不断涌现出业余艺术家，国家才能形成所有国民享受艺术的氛围。

在成为大学教师第七年的时候，我在法国巴黎度过了自己的安息年，这让正式开始研究画画的我，得以有机会亲身感受到法国艺术发展得那么好的原因。在巴黎的街上，画廊的数量毫不逊色于书店，偶尔进去转转会发现画廊竟然比书店里面还要拥挤。原来，在这里绘画已经是国民司空见惯的一件事情，大大小小的工作室和创作室对所有人开放，每个人都有参与绘画的机会。与围在模特周围认真画画的当地人交谈以后，我发现他们画画并不是为了取得艺术家这样的头衔，只是非常享受这种认真绘画的氛围。梵·高、毕加索等这些美术史上熠熠生辉的大师们，都在巴黎度过了他们绘画人生中的一部分甚至大部分时光，可能正是因为这里的人们对于艺术的热爱吧。记不起具体时间了，只记得以刊登时代话题人物为标志的《时代周刊》，有一次选定的人物就是"您"。现如今，网络的影响力一直在不断扩大，甚至到了有些无法掌控的地步，这一主题所指的主人翁正是一般的网络使用者。虽然音乐史上记载探戈的发展得益于皮亚佐拉和其他几名表演者的继承和推介，但我却认为探戈在阿根廷诞生的原因正是街头一般市民对探戈的享受和热爱。不是依靠某几位明星，而是因为大众的喜爱，如今的探戈才能得到世界大众的认可，也正是这个原因探戈音乐家才会如此星光闪耀。事实上，我一直觉得被一些少数明星左右的文化艺术并没有未来。因为在他们去世以后，没有人可以代替他们留下的影响力，无法超越他们。即便如此，我们的文化艺术仍然依靠少数明星创造，依靠聚光灯下明星的经济效益。这就像是虚假工程的建筑物，徒有外表，但是基础却无比脆弱，真是令人心痛不已。这一点在大众文化领域表现得更为严重。如果这种依靠少数明星创造文化的机制持续下去，我们的文化底子就会越来越薄弱。从对经济和明星效应尤其敏感、受市场人气和影响特别严重的韩国流行音乐（K-Pop）等韩流文化的起起落落中，就可以切身感受到。

马尔贝克成为阿根廷的代表性葡萄酒品牌，并迎来了自己的全盛期，不可否认，这与阿根廷国内很多人喜欢这款葡萄酒有很大的关系。皮亚佐拉甚至将阿根廷的国家名声提升了一个档次，这也是因为他们拥有就连街头普通人都能够坦然享受的探戈文化做底子。就算是皮亚佐拉的著名葡萄酒生产厂不在了，马尔贝克在阿根廷依然会繁盛。皮亚佐拉以后也会在阿根廷的探戈艺术界中延续自己的繁盛，理由也在于此。艺术的真谛，只有观众才能发掘出来。希望有一天，我们也能以韩国文化（K-Culture）或者韩国艺术（K-Art）主人翁的身份，登上《时代周刊》。希望我这个美梦不会只是个白日梦。

▲画作10　巴黎1

# 第十章

## 黄色葡萄酒的呐喊 —— 维欧尼

白葡萄酒维欧尼的颜色稍微有点深，它被葡萄酒专家们一致评价为具有异国特色的一款葡萄酒。每次喝维欧尼的时候，我都有一种更接近自我的感觉，同时还会下定决心以更真诚的态度去照顾身边的每一个人。

葡萄酒起源于埃及，至今已有8000年的历史，从古代历史遗物、遗迹中可以看出葡萄酒主要用于一些宗教仪式中。例如，在古希腊有一个叫酒神女伴（Bacchae）的宗教祭祀活动，据说就是在大自然中享受葡萄酒。不仅如此，我们平时经常说的"学术讨论会"又叫"学术报告会"，如果去追溯起源于古希腊的这一词根，就会发现它最初的意思是"一起喝酒的场所"。这里所说的"酒"就是指葡萄酒。在古希腊时代，人们会一边喝着用水稀释过的酒一边谈话，酒是谈话的催化剂。不知道是不是因为这样，在国外的学术聚会中，总少不了葡萄酒登场，葡萄酒好像是这些学术活动的媒介。回望我留学的那段日子，每次参加完研讨会或者报告会，参加者们都会聚在一起，找一种质感比较轻快的酒类，喝一两杯，顺便说几句玩笑话，也就是此时我发现英国人比起白葡萄酒更喜欢红葡萄酒的事实。回到韩国后，在社会上待了一段时间，发现韩国人真的是特别喜欢喝红葡萄酒，相较之下对白葡萄酒反而没什么兴趣。不知道是不是把红葡萄酒当成了餐前酒，也就是开胃酒，抑或认为是与餐后甜品最搭的酒，韩国人很少在餐桌上喝白葡萄酒，而且很少将白葡萄酒与料理一起食用。我也是如此，比较喜欢喝红葡萄酒。我在专业学习葡萄酒以后，为了提升自己对葡萄酒的专业性，为了学习偶尔也会在试饮会上喝一点白葡萄酒。

　　以法国为例，波尔多和勃艮第的代表性白葡萄酒品牌是不一样的。在波尔多地区，主要栽种的是白索维农和赛蜜蓉品种，而在勃艮第地区则以味道好喝的夏敦埃酒最为有名。夏敦埃酒经常会用有"香槟"之称的香槟区的招牌葡萄酒制作而成，是勃艮第除了价格高昂的金丘地区外，跟夏布利酒差不多，价格比较合理的一款白葡萄酒，生产量很大。夏敦埃酒虽然更大众化一些，但白索维农酒也绝不输阵，人气很高，卡伦·麦克尼尔曾说过，这两种葡萄酒分别给我们展示了两个极端。他甚至说过"如果称夏敦埃酒为玛丽莲·梦露（Marilyn Monroe），那就应该称白索维农酒为杰米·李·柯蒂斯（Jamie Lee Curtis）"这样的玩笑话。这主要是因为夏敦埃酒带给我们的是一种甘美、温柔的感觉；相反，白索维农酒会给我们一种原生的、新鲜的感觉，这样的原生态美现在已经不常见了，然而在用自然生长的白索维农葡萄酿造的葡萄酒中却可以发现它的影子。波尔多几乎所有的白葡萄酒都是用白索维农酒和赛美蓉酒混合而成的。因为赛美蓉有种甜甜的蜂蜜香味，与白索维农酒混合以后可以中和其特有的、原生态的酸味，使其更温和一些。此类混合酒在加利福尼亚和澳洲也很普遍。赛美蓉在波尔多的索泰尔讷地区主要是作为一种甜味葡萄酒生产。这种葡萄果皮比较薄，非常容易传染一种叫作灰霉病（Botrytis Cinerea）的特殊霉斑，价格昂贵的贵腐葡萄酒正是用这种葡萄制作出来的。

　　到目前为止，我接触的白葡萄酒主要有夏敦埃酒和雷司令，也接触过白索维农酒。后来我就遇到了一直位居我喜欢的白葡萄酒名单榜首的品种——维欧尼。在《葡萄酒圣经》（Wine Bible）中曾有一段对维欧尼特别有趣的描写，是美国洛杉矶一个餐厅主人的话：上乘的德国产雷司令葡萄酒就像是个滑冰选手，夏敦埃酒就像是一个重量级的拳击选手，而维欧尼就像是一位敏捷、优雅、身材完美、美丽的女性体操运动员。维欧尼的产量很少，因此非常珍贵，法国的罗纳地区因出产品质上乘的维欧尼而声名鹊起。罗伯特·帕克（Robert Parker）曾经解释说，相传大约在3世纪，罗马人曾在今天的南斯拉夫地区偷来葡萄品种，在北部的罗纳地区种植。其中，孔德里约地区的品种酿造出了香味特别突出的维欧尼，此地因此而出名。当然维欧尼也经常与罗第丘的西拉品种混用。虽然最终酿成的是红葡萄酒，但是这是红葡萄品种与白葡萄品种的混合，这种情况并不常见。除了原产地法国之外，20世纪90年代，维欧尼在美国的人气也超高，产量一度增加了很多。但是它对种植条件的要求颇高，不仅成熟时间差异很大，而且在采摘时间点上的要求也非常高，也许仅仅几小时，就会熟得太过。即便如此，因其散发的优雅的香气，每个试饮教程中都会提到它，而且对维欧尼的特点一致评价都是带有异国特色的一款葡萄酒。除此之外，它还散发出蜂蜜、甜瓜类水果、热带水果等的甜味以及优雅的花香，凯伦·麦克尼尔曾用稍微比较夸张的语气形容它有"足以摄人魂魄"的平滑质感、魅惑性感的特点。西拉与其混合后，托维欧尼的福，变得更具异国特色了，而且还增加了花香的优雅感。如果非要说维欧尼的缺点的话，只有一个，那就是发酵时间不能太长。罗伯特·帕克甚至说，即使是孔德里约出产的高端酒，也要在购买后2～3年内喝完。

其实每次试饮葡萄酒时，眼睛是最先"喝到"葡萄酒的，毕竟葡萄酒的颜色是最先闯入人的感觉器官的。我对维欧尼的喜爱，也许是因为它的颜色吸引了我。与夏敦埃酒、雷司令、白索维农酒等已经品尝过的白葡萄酒相比，它的色泽的确是更浓一些。我突然想，到底是应该称它为白葡萄酒，还是黄葡萄酒更合适呢？其实，颜色浅的白葡萄酒也并不是严格意义上的白色，只是惯例上一直以来都是这么叫的，我们也就不去否认了吧。到现在我已经试饮了很多葡萄酒，也了

[照片25 维欧尼]

解了一个事实：夏敦埃酒和白索维农酒本来都要比维欧尼的颜色更深一些，但是最终因为发酵方式的不同，产生了颜色的差异。当然与匈牙利产的托卡伊以及法国索泰尔讷产的贵腐酒等同类甜味葡萄酒相比，它的浓度其实更浅一些，但是对于维欧尼的评价一般都是看起来类似柠檬色或者金黄色。除了香气和味道，将维欧尼变得充满异国特色的因素中，其实也有颜色的功劳。如果不是亲自去试饮维欧尼，根本体会不到试饮教程里所指出的异国特色是如何在它身上展示出来的。也许是大部分葡萄酒爱好者感受到了它与一般白葡萄酒的差别后，对它独特的一贯性的形容表达。突然间我产生了一个疑问，就是在所谓的异国特色里面，到底包含着什么样的价值判断以及喜好度呢？至少在维欧尼的身上所用的异国特色这个词是褒义的。但是有时候，如果有人评价某一个东西具有异国特色，也不都是包含着好感的意思。如果评价某个东西拥有异国特色，就会自然而然地给人一种所指对象很小众，或者与一般的大众化不同的感觉。这么细细深究起来，所谓的异国特色这一表达好像不是用来形容外国人的。在这里，我提议大家认真考虑一下关于异乡人的政治经济学。

　　事实上，韩国社会形成现在这样重视多元化文化的社会机制，并不是很久。虽然是多元化文化的制度，但是从是否能自然地接受多民族共存上来看，韩国民族的同质性太强了。因此，其他民族很难挤进韩国社会生存。即便如此，韩国社会在两种情况下非常欢迎外国人：一种是雇佣外国劳动力；另一种是通过国际婚姻，东南亚的女性嫁到韩国农村定居。由于全球化的发展，经济上各国贫富差距越来越明显，先进国家均转型为知识密集型产业社会；相反，以体力劳动为基础的制造业，就只能雇佣贫穷国家的国民作为劳动力。去韩国的一些工业区就会发现，大街上满是从外国移居过来的务工人员，这已经是司空见惯的情形了。经常有报道说，这一群怀揣着韩国梦来到韩国的务工人员，在韩国却没有受到合理的雇佣待遇，而且从事的很多工作都没有什么防护措施，事故频发，甚至会出现一些比较严重的大型事故。每当看到这样的新闻，我都会想起我们国家那些怀揣着美国梦，到美国打工的韩国同胞们，也许这些报道也是他们的真实写照，怎能让我不心痛？就算这个世界本来就是一个弱肉强食的世界，人本质就是自私的，但是每每想到我们韩国的移民者在先进国家以一个下层阶级打工者的身份遭受压迫，就觉得我们对社会中这种有区别地对待外来务工人员的问题绝对不能袖手旁观、任其发展。幸运的是，这些外来务工人员一直盼望的舆论视线以及政府政策终于关注到他们身上，相信他们受到区别对待的问题一定会慢慢改变。

　　与外来务工人员受到区别对待这一问题相比，我觉得东南亚的女性通过婚姻移居到韩国的问题更加严重。为了农村的大龄剩男能够结婚成家，政府甚至出台了鼓励东南亚女性移居韩国的政策，对此我内心深处颇不以为然。婚姻的基础本应该是爱情，像这样被牵了次线，连互相了解的时间都没有，就立即结成夫妇的婚姻模式，我真是不敢苟同。当然，双方如果因为相爱最终通过国际婚姻成就一段佳缘，这样是极好的了，但是如今在多元文化家庭中家庭暴力问题逐渐抬头的现实面前，东南亚女性的移居并不见得会是一件好事。不受韩国女性青睐的大龄农村剩男很可怜，被驱赶到与自己的意志无关的国际婚姻的现实也很令人遗憾。解决农村的大龄剩男问题，应该是从农村的发展着手，提升农村的整体水平，使农村不再被韩国女性或者与国籍无关的女性歧视，这才是政府应该做的；然而现在却是为东南亚的女性提供陪嫁金，将她们带到韩国，这种旧时代的结婚方式，现在政府却开始公开鼓励，我真是无法理解。再加上她们的婚姻生活其实是很残酷的，这种苦痛甚至都传给了下一代，东南亚移居女性的子女们，经常因为异国混血这个原因在学校中被孤立，甚至遭受到学校暴力。如果我们的社会对从发展中国家移居过来的外国人从心灵和政策上不给予关照，我们也就没资格去指责移居到先进国家的我们的同胞所遭受的苦难了。"在你们自己的国家都那么轻视地对待外国移居者，我们凭什么要把韩国移民当成座上宾？"对于这种批判我真是不知道该如何去回答。

[照片26 泰国人花帽]

[照片27 河内，越南街]

最近，一个真人秀节目将外国人适应韩国文化时展示出来的异乡人的经济政治学，毫不保留地展示给了观众。出演节目的外国人大都来自比韩国更发达的国家，通过这些节目，不难看出制作团队的意图，对于这一结果我真是特别失望。国际社会的成员都在努力学习韩语以及韩国文化这一现象，让我们意识到韩国的国际地位原来这么高，姑且就当是好事一桩吧。先进国家的人都在学习韩国文化，这种现象所带来的积极影响力该发挥的当然要发挥。只是我有些疑问，究竟广播电视公司有没有意识到，发展中国家的国民移居到韩国后所遭受的各种痛苦和歧视。

虽然可能会有些难度，但是我认为，我们的社会很有必要从政治经济学的角度，去练习如何自然地对待、接纳异乡人。一边是对发达国家国民的异国生活的憧憬和崇拜，另一边是对发展中国家国民的异国情怀的冷遇和无视，希望我们能用关怀他人的文化去克服这种两面性的政治经济学。同样是维欧尼，像罗伯特·帕克等先进国家的著名葡萄酒专家评价它是具有异国特色的，一些发展中国家的葡萄酒爱好者也评价它是具有异国特色的，不能因为国际社会中经济地位的不同，就说葡萄酒带给人的异国特色的感觉也带有双面性。异国特色这种评价，只是表明它的不同之处而已，绝对不是要排名的意思，至少在葡萄酒这里是这样的。如果我们去追溯人类社会原型的话就会发现，所谓的经济以及由此延伸出来的权利，本质其实都是蒙蔽了人类双眼的虚物，徒有其表而已。当我们纯粹去品尝一款葡萄酒的时候，至少是脱下了表象，更接近自身本质的。希望所有品尝维欧尼的人都能感受到它的异国特色，希望我们都能感受到。

# 第十一章
## 蜂蜜＋花香甜味葡萄酒

▲画作11　小苍兰

　　我好像从来没有单独喝过甜味葡萄酒。大部分都是和其他人一起在餐桌上与美食同时享用。真希望我们的社会也能像甜味葡萄酒一样，散发着蜂蜜的香甜和花香，为后代留下美丽的文化遗产。

　　不知道是不是因为我是韩国人的缘故，我对果酒类比较熟悉，相对来讲比较容易接受甜味较强的葡萄酒，更偏向喜欢一些比较甜的葡萄酒。因此，我更喜欢喝一些糖分比较高的甜酒，而不是干红系列的葡萄酒。一般西式套餐料理桌上配的都是干红，而甜品配的则都是甜酒。这种情况是不是因为习惯，恐怕只有学习了文化人类学才能知道答案了。但是不管怎么说，希望用餐后能以甜美爽口的味道来结束，也是一件比较正常的事情。酿造甜味葡萄酒的方法有很多，其中之一就是人为地中断酒精发酵过程，提升剩余糖量的方法。葡萄酒的酒精浓度达到15%以后，就会中断酵母的活动，停止发酵。也就是说，在发酵结束之前，人为地中断酒精的发酵过程，使糖分得以保留，便会酿成甜味葡萄酒。这种方式生产的代表性葡萄酒品牌就是葡萄牙的波特葡萄酒，以及普及度比它稍小一点的法国的自然甜葡萄酒。这也是一款非常有魅力的甜味葡萄酒，主要使用的葡萄品种是马斯喀特，产自法国南部的罗纳以及朗格多克地区。这种酒精强化型葡萄酒的酒精浓度几乎可以达到20%，因此试饮的时候一定要控制好酒量。甜味可以遮住酒精本身的苦涩和酸涩味道，如果不好好控制自己的酒量，很容易就会喝醉。

　　还有一种酿造甜味葡萄酒的方法，就是将葡萄中含有的糖分进行浓缩。这与将葡萄风干后，浓缩葡萄中糖分的含量，然后酿造的方法基本上一样。其中一种是葡萄成熟以后不采摘,让其在葡萄树上自然风干,还有一种是将收获的葡萄放在干燥的环境中晾干。意大利的蕊恰朵葡萄酒就是用风干的葡萄酿造的一种葡萄酒。贵腐葡萄酒(Nobel Wine)则是通过浓缩糖分的方法酿造的。Botrytis俗称贵重霉斑,在西伯利亚地区,如果葡萄感染了这种霉斑,果皮就会变薄,就会促进果肉中水分的蒸发,使葡萄变干变皱,这样糖分和酸也就被浓缩。波尔多索泰尔讷地区的赛美蓉就是代表性的贵腐葡萄酒,除此之外,还有匈牙利的托卡伊(Tokaji)以及德国的逐粒精选葡萄酒(Beerenauslese)和贵腐颗粒精选葡萄酒(Trockenberenauslese)。加拿大、德国、澳大利亚也有在冬天收获葡萄的情况,这时候葡萄都被冻住了。在这种被冻住的状态下,在去掉果皮以及小冰碴,糖分都被浓缩的情况下即可酿造冰葡萄酒。甜味葡萄酒就是通过风干和冷冻使糖分浓缩,并在发酵过程中通过中断发酵过程提升余糖量的方法酿造的。

说完了甜味葡萄酒的酿造方法,就自然对与葡萄酒相伴的饮食文化充满好奇了。如果想从考古学上追溯饮食文化的源头的话,我们可以从马丁·琼斯(Martin Jones)所著的《美味盛宴》(Feast)一书中,了解餐厅兴起的历史背景。直到18世纪,很多郊游或者旅行的人经常在当地的旅馆或者公共场所进餐。一般都是主人置办一大桌子并在规定的时间内用餐。那张桌子就被称为客饭(table d'hôte)。将一个大坛子里的食物分开食用,如果时间晚了或者速度慢了,经常会有分不到食物的情况。虽然现在都把这个词当成套餐的代表用语,但当时的table d'hôte是君主专制的传统,所以地方的饮食场所也受到了影响。在君主制度下的用餐礼仪中,有一种传统是国王坐在餐桌的一端享用美食,其他人就只能在旁边看着。不仅仅是国王,就连贵族和主教也有相同的习惯。后来,随着产业化的发展及资本主义的成长,这些旅行者经常会抱怨这种公共场所提供的食物太难吃,然而法国巴黎除外。

[照片28 巴黎餐厅1]

[照片29 巴黎餐厅2]

18世纪后期法国革命以后，巴黎餐厅最大的特点就是table d'hôte的重要性减小了，甚至可以说是变得非常微弱，开始出现分开的桌子和可以一个人进餐的座位。一边愉快地看着报纸或者其他印刷品一边点餐，也成了一道普遍的风景。主位（alpha male），也就是男性首领曾经坐的很华丽的座位，也被镜子和蜡烛所代替。围绕着客人的巨大镜子和每个桌上点燃的蜡烛成了餐厅主要的支出项目。另外一个明显的变化，就是女性客人也开始出入餐厅。对此，有的男性批判她们脸皮厚，有的男性则愉快地接受。实际上与餐厅相比，咖啡屋或者咖啡厅更早地成了17世纪欧洲多种知识交流的场所，不仅可以进行商业活动，而且还可以举办文化、医学、科学等各个领域的讲座，还办过展示会，做过实验。据说在英国一个有名的咖啡馆里，著名科学家牛顿还解剖过海豚。咖啡厅成了人们讨论和论证民主主义、激进政治的地方。法国大革命前夜，市民进行武装暴动的地方也是在法国的咖啡厅。一个是喝茶的地方，一个是吃饭的地方，它们还是有所不同的。但无论是咖啡厅还是餐厅，都是人们聚集到一起分享对话、创立文化的公共场所，从这个层面来看它们还是有共同点的。

马丁·琼斯（Martin Jones）的问题意识，实际上就是从人类是社会性的人类还是生物学上的有机体这个疑问延伸出来的。前者认为人和动物是不同的，因为人类分享食物的行为并不是单纯地吃东西，而是一起分享对话并创造出文化的过程；后者则认为人类吃东西是为了维持生物体的本能，纯粹起因于动物性的需求。我对于人类一起吃饭的这件事并没有特别的想法，直到读了马丁·琼斯的书才知道，饮食文化在历史上其实有很多象征性的意义。法国革命之前的君主制度下，饮食文化象征的是君主或者有权利的男性的权威。随着资本主义的发展，它慢慢地演变成了平等的饮食文化。过去把公共餐桌上提供的没有选择余地的、品质不好的食物称为alpha male，而今天它代表的却是餐厅里面最昂贵、最高端的套餐料理，还真是有意思。就算我不用"文化是由经济基础决定的"这种马克思主义观点去解释，也不可否认它在一定程度上折射出了社会权利的关系。从这个层面来看，饮食并不是单纯为了维持生物体的需求，而是对一个社会的经济、政治、文化，也就是对人类创立的制度的综合性反映。这么说来，我要支持人类是社会性的人类这一观点。

我认为没有哪种人类行为能够像饮食文化这样准确地反映出社会和时代的变迁，特别是脱离了家庭或者亲属等血缘关系，与建立社会关系的他人一起用餐的饮食文化真正地反映了时代性和社会性。有人说吃饭是为了活着，在人类的经济活动中，聚餐当然包含了填饱肚子这样的动物性的要求，但是焦点却变成了通过聚餐把对话作为媒介形成纽带关系，用一句话概括就是：为了满足有教养的本能的活动。在中国古代，吃饱饭拍拍肚子的安乐景象意味着太平盛世。由此可以看出，很早以前饮食和精神上的富裕是衡量一个国家经济发展水平的指标。一个家庭支出中食品所占的比重用恩格尔系数表示，收入越高的家庭恩格尔系数就会越低，这也成了判断一个国家是先进国家还是落后国家的基准之一。一般来说，越是发达的国家恩格尔系数就会越低，越是落后的国家恩格尔系数就会越高。但是脱离食品费用，从外出就餐费用来看的话，情况正好相反。拿恩格尔系数最低的发达国家——美国来说，从过去的100年间家庭支出的比例来看：家庭中食品的支出比例逐渐变低，相反，外出就餐的费用却逐渐升高。从美国的富人阶层和穷人阶层家庭支出来看，相比食品消费，酒类和外出就餐的费用差别更大。越是富有的阶层，酒类和外出就餐支出的费用就越大。虽然也有文化差异的影响，但是可以从外出就餐支出费用推断出一个家庭的经济状况。一般来说，支出越多的家庭越富有，支出少的家庭则可能经济条件不太好。事实上，我们国家外出就餐所占的比重正在不断地提高。

马丁·琼斯及其他人类学者和社会学者认为，与其花费巨大精力去研究食物和饮食文化的历史性脉络，不如把重心放在当前的饮食文化上，关注当前的饮食文化日后会受到后人怎样的评价。事实上，我认为没有必要追究饮食文化的历史和与饮食相关概念的词语来源，我只是希望能伴着一杯葡萄酒，愉快地用餐就好了。艾琳·梅耶（Erin Meyer）写的《文化地图》（*Culture Map*）一书中有对桃子文化和椰子文化的有趣区分。选择美国和墨西哥代表的桃子文化来说明，人与人之间初次见面时的亲切感，并不代表真正的信任和友情。其原因是美国人从小就受到对初次见面的人也要面带微笑的教育，只是表面上看起来很亲切而已。但是相互了解之后，反而像桃子坚硬的桃核一样把自己保护起来，不袒露自己的内心。椰子文化则恰好相反。初次见面时，并没有亲切的微笑，气氛也是冷冰冰的，就像是椰子的外壳一样很硬，但是随着时间的流逝，慢慢地就会变得温和亲近。虽然建立关系需要很长的一段时间，但是一旦建立就会持续很久。波兰、法国、德国、俄罗斯等都属于后者。桃子文化是以业务为基础来形成信任关系，而椰子文化则是以关系为基础来形成信任。因此，从后者的情况来看，分享美食的聚餐或者公司会餐就成了形成信任的重要契机。我认为，韩国社会比起桃子文化更接近椰子文化。从重要的决定到极琐碎的小事的化解，很多时候都是在饭桌上达成的，一起分享美食的同时还加固了人际关系。问题是社会人之间的聚餐，尤其是与职场同事或者上司一起聚餐，真的会很愉快吗？

也许大部分人觉得不是那么愉快，原因有以下两个方面。一方面，聚餐时能够愉快地进行下去的聊天素材太匮乏。甚至有时候，公司聚餐还会被看作工作的延续，只讨论业务上的问题，反而给聚餐人员带来更大的压力。还有时候是聊别人的八卦隐私，在韩国有个词语叫"说闲话"说的就是这个意思。相对好一些的情况，就是聊一些关于政治的话题，至少我的经历以及周边的情况是这样的。除了这些，餐桌上基本就没有别的话题了。也许是因为生活在这样一个互相竞争，不愿让别人看到自己缺点的刻薄社会里，人们很少有机会去敞开心扉或者积极地进行感情交流，只能依赖像"炮弹酒"这样酒精度数很高的酒类。这也反映了我们闭塞的饮食文化中的黑暗面吧。这与我们国家的人读书不多也有关系。我并不认为读书就是为了积累知识，除非你用心去记忆，不然在合上书本的那一瞬间，能记住的内容并不是很多。读书的价值其实是在假想的时间和空间里与书的作者对话，通过这种假想的对话，有时能够净化思想，有时能跟随作者的思路感受作者的快乐和悲伤，这样的感情交流才是最重要的。只有这样读书，才能把和作者分享感情交流的这种经历传达给他人，才能成为愉快聊天的素材。我一直认为，社会人在聚餐时聊天资源比较匮乏的首要原因就是读书量太少，换句话说，就是促进感情交流的资源不足。

不能愉快聚餐的另一方面原因是，聚餐就像是经历法国革命之前的table d'hôte文化一样。韩国社会大部分组织都是按照等级构成的，这种垂直的等级文化也经常会延伸到聚餐中。社长或者部长等集团的头目并排坐在上座位置，这就像是对table d'hôte的alpha male垂首做恭敬状的权威性饮食文化，已是司空见惯。实际上，餐桌上的礼仪非常重要，我们的社会从很早开始就有餐桌教育这么一说，是指对子女或者下级的礼仪教育，很多都是在餐桌上完成的。餐桌之所以成为礼仪教育的重要场所，是因为在餐桌上，长辈可以通过自己的行动以身作则来教给晚辈礼仪礼节，而不是通过话语。所谓的礼仪，不是下级对上级的无条件服从，而是相互之间的关心照顾。虽然说下级对上级的照顾是一种礼仪，但是我认为上级对下级的关心才是真正的礼仪。从我们社会的饮食文化来看，我们通常都受到table d'hôte式的权威影响，真是非常无奈。

[照片30 花儿与蜜蜂]

　　我曾有一段时间深深地陷入法国南部的自然甜葡萄酒魅力中无法自拔。它不仅像用麝香葡萄品种酿造的甜味葡萄酒那样散发着甜蜜的蜂蜜香味，而且同时还有非常浓郁的花香。花朵产生了花蜜，花蜜吸引来蜜蜂和蝴蝶，蜜蜂和蝴蝶给花授粉后，赋予花朵新的生命。这是一个彼此之间互相帮助的循环生态系统。如果说，我们的饮食文化体现了我们社会中的人际关系，真希望我们和社会能够像蜜蜂和花朵这样维持共存的关系。如果我们的饮食文化是能愉快地聊天，能彼此相互照顾的饮食文化，那么后世的历史学家就能把21世纪的饮食文化看作引以为豪的文化遗产。

▲画作12　光化门

# 第十二章
## 生物动力—葡萄酒的炼金术

2013

　　用生物动力（Biodynamic）学农作法种植的葡萄酿造的葡萄酒，给我打开了至今为止从未深想过的宇宙和天庭世界，恰似炼金师们追求的科学和精神世界的接轨。我之所以深深地沉浸在运用生物动力学所酿造的葡萄酒的魅力中，是因为它让我明白了一个道理：对这个广阔的宇宙来说，我不过是一个微乎其微的存在。而且，它还让我懂得要有一颗感恩的心，感谢这个世界上的所有生命。这么说来，葡萄酒才是真正助我蜕变的良师益友啊。

　　学习葡萄酒酿造学时我才知道，原来中国葡萄酒产业的发展这么迅速。一提到中国的酒，很容易就让人想到中国的白酒，但是根据统计结果显示：中国葡萄酒的消费量竟然位居世界第五，生产量位居世界第六。考虑到人口数量的话，消费量大倒也不难理解，令我惊讶的是中国葡萄酒的生产制造业竟然这么发达。这里说的葡萄酒，并不是他们用独特的传统制造方法生产的葡萄酒，而是用葡萄酿造的符合国际化标准的葡萄酒。中国是美国第三大葡萄酒进口国，由此也可以感受到中国葡萄酒的超高人气，甚至都超越了东亚国家中最具人气、最大众化的葡萄酒生产国——日本。现在依然有很多人认为葡萄酒象征的是西方国家，可能是因为在古代文明起源地的希腊和埃及，发现了向神进贡葡萄酒的历史痕迹。考古学家曾经在出土的一个大约5000年前的椭圆土缸（amphorae）里面发现了酸和单宁酸的残留物。在美索不达米亚流域、尼罗河江流域以及现在的伊拉克、叙利亚、伊朗、土耳其等中东地区，还有过去的苏联等地区，葡萄酒在宗教仪式和个人需求中占据着非常重要的位置。

[照片31 希腊古迹]

[照片32　椭圆土缸]

　　其实葡萄酒在东方也曾兴起过，我认为与其说葡萄酒是科学的产物，不如说它是更神圣的精神世界的产物。最近受到葡萄酒商关注的生物动力学农作法，并不仅仅是单纯地排斥使用化学肥料，而是把宇宙的原理应用到葡萄酒酿造中的科学和哲学。很早之前就有历史记录，葡萄酒反映的是精神世界的层面。公元前8世纪，古希腊诗人赫西俄德（Ήσίοδος）曾经说过，月亮对植物的生长会有影响，甚至他还提出了丝毫不亚于现代酿酒学的具体理论。其具体内容是：收获的葡萄在榨汁之前，先放到用黄土做的罐子里，通过风干浓缩糖分，这样酒精成分就很高，剩下的糖分也不会再次发酵，而且还要根据天文知识来酿造葡萄酒。赫西俄德是第一个教大家要根据宇宙的变化规律来种植农作物的人。由此可以看出，古希腊人有把观察到的现实和精神世界联系到一起的信仰。

中世纪以后，天主教徒也曾管理过葡萄园，但是由于教会的禁欲主义膨胀，与葡萄酒相关的精神世界并不繁盛。到17世纪时，科学家牛顿发现了万有引力定律，欧洲也开始征服新大陆，同时农业革命兴起。这个时期，随着城市和人口数量的增长，贸易的繁荣等社会经济的变化以及中产阶级的出现，葡萄酒生产变得更加商业化。到18世纪后半期，伴随着法国革命，欧洲步入了启蒙主义和理性主义时代，同时，随着自然科学的发展，产业革命也揭开了序幕，法国的葡萄园开始商业化。19世纪，由于美国最先发生病虫害，葡萄酒产业在很长一段时间内进入了原地踏步的状态；经历了两次世界大战之后才开始复苏，并追求高产化。除了战争时代技术的发展，路易·巴斯德（Louis Pasteur）发现的酒精发酵的科学原理也对葡萄酒产业的复苏起到了一定作用。我们都坚信，近代科学革命让我们了解到很多未知的世界，但是事实有时正好相反。这是因为，科学把我们的世界缩小到了只能用感官感觉的范围。葡萄树也不例外，一般人都认为它属于可以通过科学技术来解决的范畴。因此，只要是给它施了肥却没产生立竿见影的效果，就会不断反复地施肥，这样会伤害葡萄树的健康，伤害之后又必须使用更多的人工措施来处理，从而陷入了一个恶性循环的怪圈。

最先提出生物动力学农作法概念的是奥地利人鲁道夫·斯坦纳（Rudolf Steiner）。生活在19世纪的他，同时还是一名建筑家、剧作家、教育家和哲学家。他最开始学习的是数学、物理、化学等理科科，后来被人文的精神学吸引，换了专业。因为始终放不下内心涌现的非物理性的世界，最终，他在德国获得了文学和哲学硕士学位，并成为研究文豪歌德的专家。我们只知道歌德是一名文学家，其实他的文学著作囊括了非常广阔的领域。他在现象学和有机科学领域的成就，甚至成了斯坦纳把看不到的精神世界和看得到的物质世界结合到一起的精神学（Spiritual Science）理论的基石。被称为人智学（Anthroposophy）的斯坦纳的精神科学被运用到了很多领域，其中一个领域就是生物动力学。得益于他和与他同时代、同思想的科学家，以及继承了他的理念的后代学者，生物动力学农作法今天正式被运用到葡萄栽培和酿造的过程中。斯坦纳认为，生长在地球上的生命都是宇宙中发生的事件的反映。他不赞成在葡萄的栽培过程中使用化学肥料和除草剂等科技手段，因为那会产生破坏性的结果，同时他还强调了精神世界的重要性。

[照片33 星座2]

斯坦纳的精神科学使生物动力学农作法在今天受到了更广泛的关注，并诞生了一批以尼古拉斯·乔利（Nicolas Joly）为首的积极的后继者们。现在，以欧洲为中心的不少葡萄酒酿造商都运用生物动力法酿造葡萄酒。生物动力法把太阳和很多行星组成的宇宙看成一个有机体。地球受到组成太阳系的各个要素的影响，同时也会给太阳系以影响，组成一个类似于互动的系统。举个例子，有一批北欧的学者发现，如果地球上发生核爆炸，大约100天之后就会给太阳发送到信号。虽然这个理论还需要进一步证实，但是单就发现地球和太阳之间相互收发信号这个事实来看，已经向前迈了一大步。问题是我们不相信，距离地球几百万千米的某一个东西，会给地球上存在的物理世界带来影响，因为我们被局限在通过感官感觉到的物理世界里。但是，生命的力量并不属于物理对象本身，而是属于复杂的能量世界。太阳通过各种能量波长给地球施加影响，我们也同样和太阳、星星有了联系。依据能量的力量，粒子们聚集在一起，使一些事物进入我们的感觉器官。可以说，地球本身就是依据不知道根源的宇宙波长来获得生命并维持生命的。由于所有的生命体是利用相互之间不同的节奏、振幅和波长来相互支撑、相互依存的，所以，物理性的死亡可以看作特定节奏的构成要素之一。研究者们认为，各个行星都有自己固有的能量语言，他们最近试图通过绘制人类多种疾病的能量地图，开创医学预防上时代性的新篇章。他们认为，只要诊断出让人生病的共振（resonance）的精确领域，就可以在发病之前加以预防。如果我们发现了异常震动或者是病理的共振图，就可以预知疾病的危险性。

植物在生长发育阶段，有根、叶、花、果实四个器官（organ）。生物动力学农作法认为，这四个器官和四个要素相关，并受到行星和星星推动力的影响。这四个要素分别指：根部生长阶段的大地推动力（earth impulse），叶子生长阶段的水推动力（water impulse），开花阶段的光推动力（light impulse），果实阶段的热推动力（heat impulse）。现在我还处于生物动力学农作法的学习阶段，对这样的理论理解得还不是很透彻。但是我尚且能理解地球上存在的生命体的生命周期，可以用行星和星星推动力来解释，它们就像人类的脉搏一样存在。这里用到"推动力"这个词，是为了表达有机体的相互作用。在地球、行星的位置以及星座的关系下，推动力的影响就变得更加明确又和谐了。生物动力学农作法研究学者批判现代农业太多人为性的介入，过多地施加化学肥料和除草剂，没有很好地利用宇宙和天体对农作物的影响。这就像是人生病之后失去了沟通能力一样，对于眼睛看不到的范围本应该用耳朵去倾听，然而不幸的是恰好聋了。这也可以解释，为什么现在很多食物都不能很好地供给人类营养。

我相信人类的感情也是做粒子运动的，我在喝蒙荔诺阿布鲁诺葡萄酒时就感觉到了这一点。尼古拉斯·乔利说过，葡萄酒带给人芳香和色彩，让人感觉从地球到了遥远的天体世界一样美好。说到天体，地球以及地球上的所有生命体都是有机结合在一起，并制造出让彼此可以生存的能量，我认为，能量本身就是我们常说的人类的感情。伴着葡萄酒，我们的感情粒子在运动时，正是积极肯定的正能量在运动。这样说来，如果在酿造葡萄酒时倾注固有的感情，岂不是就能酿造出更具独特魅力的葡萄酒了吗？我也曾想过，如果是在韩国，到底要注入什么样的感情，才能制造出迄今为止大家都没有喝过的葡萄酒呢？我想答案应该就是情、兴、恨、乐吧，韩国的情、韩国的兴、韩国的恨，还有韩国的乐。我认为，这四种感情在其他民族是不常有的。从这四个字都有对应的汉字来看，也可以把它们看作东方汉字文化圈民族共同拥有的感情。但是迄今为止，还没有哪个民族公开说这是自己固有的感情。不管它们起源于哪里，我都可以自豪地说："这四种感情是韩国人特有的感情。"

无论男女老少，韩国社会上所有的人际关系，都可以用情来表达——夫妻之情、兄弟之情、师生之情、朋友之情和同事之情。人和人之间因为结缘而产生了感情。也许在韩国社会，每个人从出生的那一刻起，分享感情的命运就开始了。这是人生的最初始阶段，也可以看作人际关系刚开始生根的阶段，如果用葡萄树打比方的话，就是葡萄树在泥土推动力的作用下，正在生根的阶段。

我们人生中最快乐的时期，可能就是年少的那些时光。虽然说我们社会经济的低增长和就业不稳定的负担，都原封不动地强加在了青少年身上，但是年轻人是拥有无限潜力和希望的一代。因为有梦想，挫折也就成了他们的垫脚石。这个时期，就好比是在水推动力的作用下，绿色叶子的生长阶段。

也许人生中最重要的时期，是构建家庭并主要从事社会生活的中年时期。恨，是掺杂着伤心和愤怒的情绪。愤怒不流露于表面，而藏于自己内心去慢慢消化，可以说，这种恨是造就韩国人感情色彩的基础。为了家庭忍受着社会上的各种悲愤，就像是遭受外部侵略那段黑暗期时，无奈忍受的苦痛一样悲切。到现在为止，恨这种感情，多少都是有些消极的存在意义，但是今天我想把这种韩国人的恨归结到积极意义上去。把愤怒的恨藏在内心，本身就是一种非常成熟的感情表现。把愤怒藏于内心这种行为能使一个人更成熟，而如果在这个时期看到的都是成熟的光芒，就能促成一个人更好地发展，所以说中年时期也是人生的黄金时期。这就好比在光推动力的作用下，开始开花的时期。

人生的老年时期可以用"乐"来形容。只有能冷静地观察自己的生活时，才有可能享受人生。乐和瞬间流露的兴奋感情不是一个层次，只有既能克制好自己过于激动的情绪，又能给平静的生活加一些调味剂，有着完美的情感调节能力，并能与周围和谐相处时产生的感情才能叫作乐。换句话说，这是能调节自己能量的人生中最成熟的阶段，只有进入了这种完全成熟的时期，才能接受热量从而结出硕果。

虽然不知道这样的比喻是不是有些牵强，但我认为，情、兴、恨、乐这四种感情最终会跟随人生的周期发生一些变动。把人类比作植物，虽然是隐喻，从科学的角度来看好像是在贬低人类。生物动力学农作法的观点是，构成宇宙的所有生命体，都是有机联系并不断交流的，是相互之间共同作用、赖以生存的关系。从宇宙的规律来看，人类、动物、植物等每个生命体都是平等的。德国的一个制药公司，从1921年就开始聘请斯坦纳（Steiner）做顾问，并利用精神科学开发出了药品，使用植物的器官来治疗人类相应的器官疾病。也就是说，用相当于人类头部的植物的根来治疗神经上的疾病，用叶子和茎部来治疗心肺功能和血液循环的疾病，用果实和花朵来治疗消化器官和新陈代谢中出现的问题。

[照片34 植物萌芽1]

[照片35 植物萌芽2]

也许是画画的缘故，我曾经想过：如何把人类看不到的感情画出来，使之视觉化呢？爱情经常被比喻成人类心脏模样的（心形），那韩国人的感情应该用什么来比喻呢？掺杂着愤怒和伤心的恨又该怎么画出来呢？想找到这个问题的答案并不那么简单。不借助其他对象的比喻，单纯地把感情视觉化这个课题实在太难。可能对做音乐的人来说还稍微简单一些，要不怎么能听到无数的以感情为主题的大众歌谣呢？但是如果把歌词都去掉，单纯地用声音的波长来表现感情的话，恐怕就没有那么容易了。这是不是因为我们的感官无法识别感情呢？斯坦纳刚创立生物动力学农作法的时候就说过，如果我们只是单纯地依赖感官来体验世界，世界反而变得狭窄了，我对此十分赞同。我们都只相信只有眼睛看到的、耳朵听到的物体才是存在的，这种认识阻挡了我们全面了解宇宙万物。也许有人觉得我在独白的时候，突然把葡萄栽培和葡萄酒酿造转移到生物动力学农作法上过于牵强，太过莫名其妙了。但是，我是在议论浩瀚的宇宙和天体，本意不在精神学。对眼睛看不到的世界力量，能够用谦逊的姿态低下头去感谢，也是万幸的。

# Wine
## Monologue

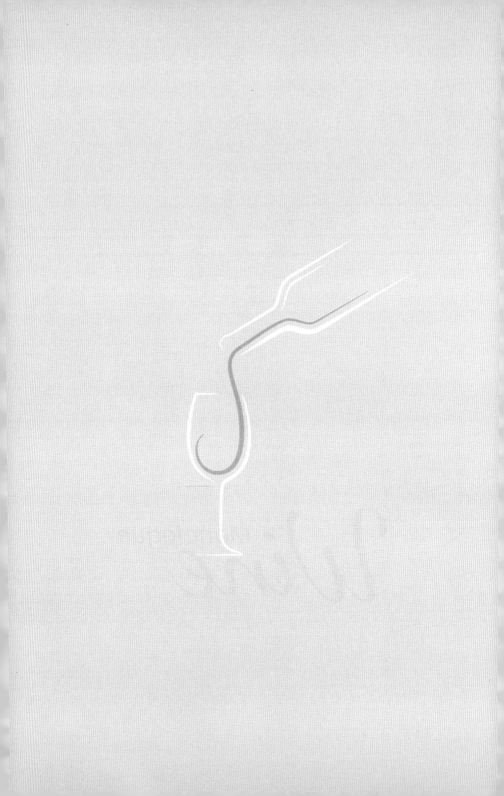

尾声
Epilogue

## 感 谢

　　对于葡萄酒改变了我的世界观这样的独白，别人该怎么去接受呢？对此我稍微有些顾虑。我也不断地问自己，我是不是对葡萄酒太过于美化和夸张了？不过是一杯葡萄酒而已，在我的笔下仿佛可以解开世间万事，其他人会认可吗？会怎么想呢？说实话，我很担心这些问题。但是我对这本书，对葡萄酒这些坦率的独白，从未后悔过。此刻，就在这篇独白快要结束的时刻，我的视野好像变得更加开阔了。同时，通过葡萄酒这个媒介也更加懂得品味生活了，这让我很是欣慰。我首先想对前辈们表示感谢，是他们让我的独白可以这么顺利地完成，也是他们让我有了一次纯粹的学习经历。每个行业都一样，走一条谁都没有走过的路必然是一个很辛苦的过程。正是因为这些前辈们在艰苦的环境和条件中坚持自己的信念并不断努力，我们今天才能在这么舒适的环境中享受快乐。多么庆幸，我能通过他们自己写的，或者后代代笔写的书，和他们进行心灵上的珍贵对话。这是一段超越了时间和空间不断进取的历程。真心说一声：感谢！

# 学无止境

从教书育人的立场来看，学习仿佛离我越来越远。比起去提问，我更多的是在接受别人的提问，大家也自然而然地期待我懂得更多。别人有了期待，自己就害怕让别人失望，不知不觉地就迎合着别人的视线，活成了别人期望的样子。但是，我内心最真诚的渴望却从未变过，那就是我想成为一个爱学习的人。我想要彻底甩掉"我必须博学"这种思想包袱，也想有一个在我有疑问时可以跑去询问的导师。其实，我想学习的真正原因，是我的挑战意识希望我能勇敢地打破这种安逸的惯性。我之所以选择做一名学者，是因为刚开始接触的时候，我认为这是一个必须终生学习的职业。但是我所经历的韩国教授的生活却是特权社会的旧态，这让我迫不及待地想摘下教授这具假面。如果不就此打住，我也会满足于这种安逸的生活现状，这让我感到惶恐。幸运的是，我想要学习的欲望不断膨胀。

# 一抹微笑，一缕回忆

我希望人们能够单纯地享受葡萄酒。没有假饰没有虚荣，也不是为了体面，在完成艰难的工作之后，为了抚慰自己的心灵来一杯葡萄酒，或者是和自己的伴侣说着情话把酒言欢。希望大家不会像我一样，在刚开始接触葡萄酒时，被专家们讲的专业知识弄得头晕目眩。我的独白，并不是想要向大家炫耀我所拥有的知识，而是希望大家品酒的余暇可以拥抱自我。如果让大家觉得我是在炫耀知识，那我真就该去反省了。对于我的读者，我只有两个愿望：一个是希望看到大家嘴角欣慰的笑容；另一个是大家不管接触到什么样的葡萄酒时，能够想起我的独白，或者我曾经的独白。读者嘴角扬起微笑，是表明我的独白在他心中留下了痕迹，我会很感动。他们能够想起我的独白，表明我的故事已经成为他们的回忆，这很有意义。

# 再次感谢

想对世上所有热爱葡萄酒的人表示感谢。还要感谢在网络上偶然看见的连真实姓名都不知道的佚名葡萄酒博主们。虽然在学术界已经有了很长时间，但是能够给我人生启迪和人生大智慧的人，从来都是不分年龄和学历的。不知从何时起，这个世道已经变成了只通过一个人的名声和名片去判断人的社会，但是我始终相信：能给别人一些生活启迪的人，是不需要任何资格证的，而是要看这个人内心深处的本质有多么的纯粹。我在经常去的一个加油站员工身上学到了待客之道；我从常去的美容室里一个年近30的发型设计师身上学到了待客之道。我信任罗伯特·帕克（Robert Parker），但我也信任熟悉的葡萄酒直销经理。学习不是仅仅从年龄大、名声大的人那里才能学到的。带着一颗谦逊纯粹的心，我愿意从所有人身上学习生活的道理。我还要对看了我的独白就爱上葡萄酒的人表示感谢，虽然未曾谋面。我坚信，总有一天这些会成为我人生中最美好的回忆。因为我知道没有什么比纯粹更能让生活充满希望，我相信总有一天他们也会成为葡萄酒爱好者。不管什么时候，只要他们想要独白，我肯定会坐在前排，带着欣慰的笑容去认真倾听，然后给他们一个温暖的拥抱。

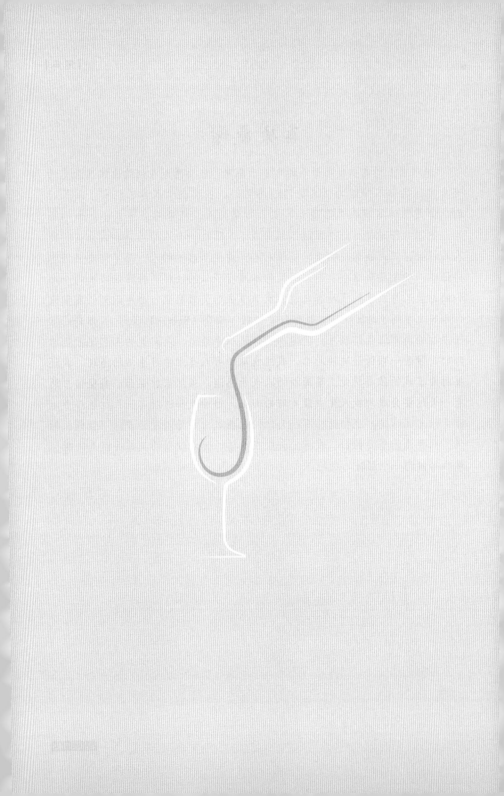

参考书目
References

[01] Adams D. Introduction to Wine and Winemaking Lesson 4: Growing Wine Grapes [M]. Oakland:The Regents of the University of California, 2010.

[02] Adams D. Introduction to Wine and Winemaking Lesson 3: Types of Grapes Used for Wine [M]. Oakland: The Regents of the University of California, 2010.

[03] Adams D. Introduction to Wine and Winemaking Lesson 1: Introduction [M]. Oakland: The Regents of the University of California, 2010.

[04] Bastianich J , Lynch D. Vino Italiano: The Regional Wines of Italy [M]. New York: Clarkson Potter/Publishers, 2002.

[05] Elkins J. Pictures and Tears: A History of People Who Have Cried in Front of Paintings [M]. London: Routledge, 2004.

[06] Eco U. History of Beauty [M]. New York: Rizzoli, 2010.

[07] Erikson E H. Childhood and Society [M]. New York: W. W. Norton & Company, 1993.

[08] Fasolino S J. Malbec: Beginners Guide to Wine [M]. Santa Monica: 101 Publishing, 2012.

[09] Goldstein E. Wines of South America: The Essential Guide.[M]. Oakland : University of California Press, 2014.

[10] Jones M. Feast: Why Humans Share Food [M]. New York: Oxford University Press, 2007.

[11] Joly N. Biodynamic Wine, Demystified [M]. San Francisco: Wine Appreciation Guild,2008.

[12] Keahey J. Seeking Sicily: A Cultural Journey through Myth and Reality in the Heart of the Mediterranean [M]. New York: Thomas Dunne Books, 2011.

[13] Marshall W. What's a Wine Lover to Do? [M] Muskogee: Artisan Publisher, 2010.

[14] MacNeil K. The Wine Bible [M]. New York: Workman Publishing, 2001.

[15] Meyer E. The Culture Map: Breaking through the Invisible Boundaries of Global Business [M]. New York: Pacific Affairs, 2014.

[16] Nesto W R , Savino F D. The World of Sicilian Wine [M]. Berkeley:University of California Press, 2013.

[17] Oflaherty T. Tango: Argentine Tango Music, Dance and History [M]. Seattle: Amazon Digital Services Inc., 2015.

[18] Parker R M Jr. The Wines of the Rhône Valley and Provence [M]. New York: Simon & Schuster Inc., 1987.

[19] WSET. Wines and Spirits: Looking behind the Label[M].London:Wine & Spirit Education Trust, 2014.

[20] Waldin M. Biodynamic Wines [M]. London: Octopus Publishing Group, 2004.

[21] Waldin M. Biodynamic Wine-Growing: Theory and Practice [M]. Seattle: Amazon Digital Services Inc., 2012.

[22] Sandel M J. What Money Can't Buy: The Moral Limits of Markets [M]. New York:Farrar, Straus and Giroux, 2012.

[23] Sinkman E. The Psychology of Beauty: Creation of a Beautiful Self [M]. London: Rowman & Littlefield Publishers, 2014.

[24] Thiel P. Zero to One: Notes on Startups, or How to Build the Future [M]. New York: Crown Business, 2014.

[25] Thompson D. Cheap Eats: How America Spends Money on Food [M]. Washington, DC: The Atlantic,2013.